W0271533

www.naturalcatfood.de

MIX
Papier aus verantwortungsvollen Quellen
Paper from responsible sources
FSC® C105338

„Biete dem Leib gesunde Nahrung,
damit die Seele Lust hat darin zu wohnen"

(Winston Churchill)

Natural Cat Food

Rohfütterung für Katzen
Ein praktischer Leitfaden

Susanne Reinerth

Bibliografische Information Der Deutschen Bibliothek: Die Deutsche Bibliothek verzeichnet diese Publikation in der Deutschen Nationalbibliografie; detaillierte bibliografische Daten sind im Internet über < http://dnb.ddb.de > abrufbar.

Internet: www.naturalcatfood.de

Herstellung und Verlag:
Books on Demand GmbH,
Norderstedt

ISBN: 978-3-8370-6231-1

Reinzeichnung Buchumschlag:
Gertraud Schöpe

Für J. S.
Danke für deine
Unterstützung
und
Freundschaft

Inhaltsverzeichnis

Inhaltsverzeichnis

Vorwort

Seit mein Buch „Natural Dog Food – Rohfütterung für Hunde“ im Sommer 2005 erschien, stellten immer wieder Katzenbesitzer die Frage nach entsprechender Literatur für Ihre Samtpfötchen.
Da ich selber auch Halterin von zwei rohernährten Katzenseniorinnen bin, lag es nahe, dieses Buch schnellstmöglich herauszubringen.
Auch Katzen sind Jäger und benötigen als Beutetierfresser Fleisch als wichtigsten Bestandteil ihrer Nahrung..
Wie auch Hunde leiden immer mehr Katzen unter der Nahrung, die sie in Form von Fertigfuttermitteln erhalten. Die negativen Auswirkungen von künstlichen Stoffen wie Konservierungstoffen, Farb-, Aroma- und Geschmacksverstärkern zeigen sich oftmals in allergischen Hautreaktionen, Magen-Darm Erkrankungen und Verhaltensauffälligkeiten.
Unter dem passenden Titel „Katzen würden Mäuse kaufen – Schwarzbuch Tierfutter“ brachte Hans-Ulrich Grimm 2007 ein Buch heraus, das die Fertigfutterindustrie genauer unter die Lupe nimmt. Leider bietet er in seinem Buch keine Alternativen zur Fertigernährung an. Schade, denn es ist durchaus sinnvoll, die Ernährung des Haustiers selbst in die Hand zu nehmen. Denn die richtige Ernährung ist der Grundstein für die Gesundheit Ihrer Katze. Wie sehr die Ernährung mit der Gesundheit in Verbindung steht, kann ich in meiner Tierheilpraxis fast täglich erleben. Zudem erreichen mich häufig Briefe und E-Mails.
Das alles erfüllt mich mit unendlicher Freude, weil ich weiß, dass ich etwas Wertvolles für die Tiere getan habe und meinen Beitrag für eine lebenswertere Zukunft unserer vierbeinigen Freunde geleistet habe.
Und es ist gar nicht so schwer, die Fütterung selbst in die Hand zu nehmen. Inzwischen hat sich einiges getan in der Rohfutterszene. Viele Shops verkaufen Fleisch und Zusätze auch übers Internet. In Köln eröffnete der erste Hundeimbiss der Rohfuttermahlzeiten anbietet. Im Fernsehen und in Zeitschriften wird zunehmend positiver über Rohfütterung berichtet als noch vor ein paar Jahren, als diese Art der Fütterung belächelt, wenn nicht sogar beschimpft wurde. All das bestätigen auch die stetig steigenden Verkaufszahlen meines Buches „Natural Dog Food“.
So hoffe ich nun mit diesem Buch auch den Katzenhaltern eine Anleitung zur gesunden Ernährung Ihres Stubentigers an die Hand geben zu können. Ich freue mich über jede neu hinzugewonnene Katze, die in den Genuss einer artgerechten Fütterung kommt und über jeden Halter, der sich um das Wohl seines ihm anvertrauten Lebewesens sorgt.

Susanne Reinerth
Frühjahr 2008

Einleitung

Inzwischen ist die Rohfütterung des Hundes in Deutschland um einiges populärer als noch vor ein paar Jahren. Auch viele Katzenbesitzer ernähren ihre Katzen bereits mit Rohfutter. Durch das Internet ist ein reger Austausch gegeben, der immer mehr Menschen mit Tieren zum Umdenken anregt. Viele Foren sind allein dem Thema Rohfütterung gewidmet und täglich steigt die Anzahl derer, die ihr eigenes „Raubtier“ artgerecht ernähren wollen und nach Informationen suchen.

Leider ist so gut wie keine Literatur zu diesem Thema vorhanden. Das möchte ich mit diesem Buch ändern.

Für all die, die durch dieses Buch zum ersten Mal mit der Rohernährung in Kontakt geraten, möchte ich erst einmal ein paar Erklärungen liefern. Bekannt ist die Rohfütterung vor allem unter dem Namen „BARF“. Der Name entstand in Amerika und lässt sich am treffendsten mit „Biologisch, artgerechte rohe Fütterung“ ins Deutsche übersetzen. Gemeint ist die Fütterung von Fleischfressern wie Hund und Katze mit natürlichen Lebensmitteln wie Fleisch, Gemüse, Obst und natürlichen Zusatzfuttermitteln. Diese Futtermittel sollen ein Beutetier imitieren. Bei der Katze sind dies natürlicherweise vor allem Mäuse (und andere Kleintiere wie z.B. auch Vögel).

Da die Katze die Beute „mit Haut und Haaren“ frisst, nimmt sie durch den Verzehr
des Blutes Mineralien auf, deckt durch die Knochen des Beutetieres ihren Bedarf an Kalzium und durch die Aufnahme von Fell, Federn und Mageninhalt den Bedarf an Ballaststoffen. Durch die Innereien nimmt sie überdies wichtige Vitamine auf.

Wie man schnell feststellt ist es also nicht damit getan, die Katze allein mit rohem Fleisch zu ernähren, um ihr eine gesunde, ausgewogene Ernährung zu bieten. Der Bedarf an Nährstoffen, Mineralien und Vitaminen wird in der Fütterung von Natural Cat Foot durch Zusatzfuttermittel, auch Supplemente genannt, abgedeckt.

All diese Futtermittel, die für die Ernährung der Katze in Frage kommen und einem Beutetier nachempfunden sind, werden von mir in diesem Buch aufgeführt.

Mit diesem Buch möchte ich dem Katzenhalter die Rohfütterung Schritt für Schritt erläutern. Dazu werde ich nach den ersten einleitenden Kapiteln auf den Verdauungstrakt der Katze eingehen sowie die Grundlagen der Ernährungslehre behandeln. Weiterhin gehe ich auf die entsprechenden Nahrungsmittel ein, die an die Katze verfüttert werden können. Giftige Nahrungsmittel werden hier ebenso Erwähnung finden wie die Zubereitung, Vorbereitung und Lagerung der Futterbestandteile.

Im dritten Teil des vorliegenden Buches gehe ich auf die Zusam-

menstellung bzw. genaue Berechnung der Mahlzeiten ein und gebe Tipps zur Rezepterstellung.
Im letzten Teil des Buches behandele ich entsprechende Fütterungsproblematiken und Besonderheiten wie die Ernährung von Kitten oder kranken Katzen, die Umstellung auf die Rohernährung sowie Bezugsinformationen für Futtermittel.
Leser meines Buches „Natural Dog Food" kennen dieses Vorgehen schon. Aus diesem Grunde gleichen einige Stellen dieses Buches denen in meinem Buch zur Hundeernährung. Leser, die mein Buch zur Hundeernährung bereits kennen, sollten sich dadurch nicht dazu verleiten lassen, scheinbar gleich aussehende Beiträge zu überspringen. Sie könnten wichtige Informationen zur katzentypischen Ernährungsweise überlesen. Die Ernährung der Katze unterscheidet sich an einigen Stellen erheblich von der Hundeernährung. Sonst wäre dieses Buch nicht notwendig gewesen.

Unterschiede in der Ernährung von Hund und Katze

Da es gewisse Unterschiede in der Ernährung von Hund und Katze gibt, ist dieses Buch überhaupt erst nötig geworden. Sonst könnten Sie einfach mein Buch „Natural Dog Food – Rohfütterung für Hunde" lesen und es problemlos auf die Katze übertragen. So einfach ist es jedoch nicht. Die Katze ist kein Minihund.
Die Katze ist im Vergleich zum Hund ein echter Karnivore (Fleischfresser) Sie nimmt neben dem Fleisch und den Knochen ihres Beutetieres nur sehr wenig zusätzlich auf, was beim Hund ein wenig anders ist. Der Hund frisst bei seinem Beutetier z.B. auch den Magen mit, welcher bei den Pflanzenfressern mit größeren Mengen unverdauter Nahrung gefüllt ist. Dadurch bezieht der Hund (im Gegensatz zur Katze) größere Mengen Kohlenhydrate, die wir in der Hundefütterung mit Natural Dog Food vor allem mit Gemüse und Obst zu

imitieren versuchen. Dieser vorverdaute Speisebrei versorgt den Hund auch mit Vitaminen. Bei Katzen ist es fraglich, ob diese überhaupt pflanzliche Nahrung verwerten können.
Viele Katzen lassen die Organe und Innereien der Maus liegen und fressen sie nicht mit. Katzen nehmen daher auch nicht die verdaute Nahrung ihrer Beutetiere auf und selbst wenn, wären die Mengen minimal (selbst bei ca. 10 Mäusen am Tag ergibt der Mageninhalt der winzigen Mäusemägen nur etwa einen Teelöffel unverdaute Nahrung).
So lässt sich daraus schließen, dass die Katze nur kleine Mengen Kohlenhydrate benötigt. Ballaststoffe, die auch das Gemüse (oder der unverdaute Speisebrei der Beutetiere) liefert, nimmt die Katze zum Beispiel mit dem Fell der Maus auf. Die Katze benötigt also im eigentlichen Sinn keine Kohlenhydrate, sondern lediglich ein wenig Ballaststoffe in ihrer Nahrung. Ballaststoffe dienen der Anregung der Darmtätigkeit.
Während der Hund von Kräutern in erheblichem Maße profitiert, rate ich in der Katzenfütterung dazu, Kräuter nur von einem/einer Fachmann/Fachfrau empfehlen zu lassen. Dies gilt besonders für frische Kräuter, da Katzen empfindlich auf einige ätherische Öle reagieren.
Auch die Menge bzw. die Häufigkeit der Malzeiten ist bei Hund und Katze unterschiedlich. Während Hunde (Wölfe) nur alle paar Tage, im günstigsten Fall täglich, ein Beutetier erjagen, fangen Katzen sich mehrere kleine Mahlzeiten am Tag.
Der Hund jagt und frisst im Rudel, die Katze hingegen jagt allein und sucht sich zum Fressen einen ruhigen, ungestörten Platz.
Während der Hund die Eingeweide, besonders den Verdauungstrakt seiner Beutetiere mit frisst, lässt die Katze diesen oftmals liegen.
Zudem hat die Katze dadurch, dass sie vieles nicht verstoffwechseln kann, ein beschränktes Nahrungsangebot und wir Rohfütterer müssen darauf achten, dass sie dennoch alle wichtigen Nährstoffe erhält. Deswegen scheint die Rohfütterung der Katze auch komplizierter als die des Hundes, dem durch die diversen Gemüse- und Obstsorten, Kräuter, Getreide, Öle und Zusätze mehr Abwechslung geboten werden kann und dessen Ernährung somit leichter ist.
Ein weiterer wichtiger Unterschied zwischen Hund und Katze ist der, dass für den Organismus der Katze einige Aminosäuren wie Taurin, Methionin und Arginin essentiell sind. Sie kann sie nicht selbst synthetisieren, sondern sie müssen ihr über die Nahrung explizit zugeführt werden. Für die Fütterung besonders wichtig ist Taurin, das Katzen normalerweise durch Mäuse aufnehmen. Mäuse sind die Lebewesen mit dem höchsten Tauringehalt.

Anders als der Hund deckt die Katze als ehemaliger Trockengebietbewohner ihren Flüssigkeitsbedarf aus der Nahrung und nimmt nur wenig Wasser zusätzlich auf. Ihre Nahrung muss also sehr „feucht“ sein.

Warum Katzen mit Rohfleisch ernährt werden sollten

Katzen sind Raubtiere. In freier Natur ernähren sie sich noch heute (anders als der Hund) von kleinen Beutetieren. Das Jagdverhalten ist der Katze angeboren. Selbst Katzen, die ausschließlich in der Wohnung gehalten werden und niemals selbst ihrem Instinkt kleine Beutetiere zu jagen nachkommen können, entwickeln Leerlaufhandlungen die die Jagd und das Töten imitieren. Die Katze ist und bleibt ein Raubtier. Sie ernährt sich in freier Natur von Mäusen und anderen kleinen Nagetieren, Vögeln, Insekten und Fischen.
Katzen, die als Freigänger oder Teilzeitfreigänger leben, bewegen sich meist frei in ihrem festen Revier und jagen in der Regel Mäuse. Und gar nicht mal so wenige davon. Eine ausgewachsene Katze benötigt durchschnittlich 6-12 Mäuse pro Tag. Um einiges höher liegen aber ihre Möglichkeiten Mäuse zu fangen, die dann allerdings nicht alle verspeist werden. Der Verhaltensforscher Paul Leyhausen fand heraus, dass eine Hofkatze durchaus 12-24 Mäuse pro Tag fangen kann. Für diesen Jagdinstinkt wurde die Katze auch seit Jahrhunderten am Hof gehalten. Ihre Aufgabe war es für eine Dezimierung der Mäuse zu sorgen, die das Futterangebot von Mensch und Tier „bedrohten“.
Mit dieser natürlichsten Ernährung nimmt die Katze vor allem Fleisch, Innereien und Knochen zu sich. Wenige Ballaststoffe runden ihren Speiseplan ab. Damit erhält die Katze alles, was sie zum Leben braucht.
So weist das natürliche Beutetier eine komplett andere Zusammensetzung als die Fertigfuttermittel auf, die zum größten Teil aus Kohlenhydraten bestehen, da sie vor allem Getreide enthalten.
Die Katze ist aber von der Physiologie ihres Verdauungstraktes nicht dafür geeignet, größere Mengen Kohlenhydrate zu verdauen. Sie benötigt vor allem Protein (aus Fleisch).
So sind schon die meisten Fertigfuttermittel Gift für die Katze, da sie nur schwer verdaulich sind und somit den Körper unnötig belasten.
Da viele Katzen zu Zahnstein neigen, wird den Katzenhalten oftmals empfohlen auf Trockenfutter umzustellen. (Was aber das Problem auch nicht beseitigt, wie man in den meisten Katzenmäulern erkennen kann.) Mit der Rohfütterung wird dem Zahnstein rechtzeitig vorgebeugt.

Da Katzen als ehemalige Trockengebietbewohner ihren Flüssigkeitsbedarf in der Regel über das Futter decken und selten bereit sind, größere Mengen Wasser freiwillig zu sich zu nehmen, beginnt eine katzentypische Problematik. Viele Katzen leiden heute unter chronischen Erkrankungen der Nieren und ableitenden Harnwege bis hin zur Niereninsuffizienz. Eine mögliche Ursache der Nierenerkrankungen sowie Steinerkrankungen kann Flüssigkeitsmangel sein. Es ist also darauf zu achten, dass die Katze zusammen mit der Nahrung ausreichend Flüssigkeit zu sich nimmt. Das ist z.B. mit der Rohfütterung gegeben.

Auch Wild- bzw. Großkatzen in Zoos wie Löwen, Tiger, Leoparden, Pumas, Geparden etc. werden nicht mit Fertigfutter ernährt. Ihr Futter besteht meist aus frischem, rohem Fleisch in großen Stücken, welches in Vitaminmischungen gewälzt wurde, um eine Versorgung mit den wichtigsten Mineralien und Vitaminen zu gewährleisten.
In der modernen Katzenhaltung zu Hause ist es allerdings nicht nötig auf Vitaminmischungen, die aus synthetischen Vitaminen bestehen, zurückzugreifen. Wir können alle benötigten Vitamine und Mineralstoffe aus natürlichen Quellen gewinnen und dem Futter der Katze beifügen.

Ein weit verbreitetes Vorurteil ist hier, dass unsere Katze nicht mit allen benötigten Stoffen versorgt wird und dass das Kochen der Nahrung unerlässlich ist um z.B. Parasiten abzutöten. Die Tatsache, dass hier auch eine ganze Reihe guter und natürlicher Inhaltsstoffe des entsprechenden Lebensmittels vernichtet werden, ist die Kehrseite der Medaille. Vor allem Taurin, das lebenswichtig für die Katze ist, wird durch das Erhitzen zerstört.
Futter, welches erhitzt werden muss, um es frei von den in ihm enthaltenen Parasiten, Keimen und Bakterien zu machen, ist in meinen Augen als Tierfutter sowieso gänzlich ungeeignet! Zudem sind auch natürliche Beutetiere nicht steril.

Das Kochen der Katzennahrung ist also nicht nötig und macht die artgerechte Ernährung der Katze um einiges einfacher und damit für den Katzenhalter attraktiver.
Somit ist die Ernährung mit Natural Cat Food die beste und gesündeste Form der Katzenernährung.
Wäre das Katzenfertigfutter die optimale und ausgewogenste Ernährung für unsere Katze, so müssten alle Katzenfuttersorten identisch sein. Sind sie aber bei weitem nicht. Sie weisen erhebliche Unterschiede in der Zusammensetzung bzw. in den Analysewerten auf. Das sollte uns zu denken geben, denn wie oft wird uns versucht einzureden, dass wir nicht in der Lage sind, unser Tier adäquat mit allen wichtigen Nährstoffen zu versorgen? Noch hat uns allerdings kein Nahrungsmittelhersteller versucht, die optimale Fertigkost für den Menschen zu servieren, die

ihn alt und vital werden lässt bis an sein Lebensende mit dem täglichen Döschen Brei. Wer für sich (und seine Familie) nahrungstechnisch sorgen kann, der kann auch seine Katze ernähren. Dafür muss man kein Wissenschaftler oder Ernährungsexperte sein.
Ein wenig Wissen ist allerdings schon nötig. Dieses Buch soll die Anleitung dazu bieten.
Besonders schön ist bei dieser Form der Fütterung, dass man genau weiß, was die Katze zu Fressen bekommt. Das selbst zubereitete Futter enthält keine Konservierungsstoffe, keine Farb-, Aroma- oder Lockstoffe. Auf Wunsch kann der Katzenfreund auch ausschließlich Bio-Lebensmittel an die Katze verfüttern oder bestimmte Diäten durchführen wie eine Ausschlussdiät bei Futtermittelallergien.
Die Rohfütterung ist somit die natürlichste Form der Ernährung unserer „Raubkatzen".

Wie Katzen jagen

Als lautlose Jägerin, die ganz auf den Überraschungseffekt setzt und sich auf den Boden gedrückt und ganz ohne ein Geräusch an die Beute heranpirscht, lebt die Katze ihren angeborenen Jagdtrieb aus.

In Lauerstellung verharrt sie so lange, bis sich ihre Beute (vor allem Mäuse) in Reichweite befindet. Dann setzt die Katze zum Sprung an und wirft sich auf ihr Opfer, welches durch den festen Schlag des Gewichts der Katze kurzzeitig betäubt wird.

Nun setzt meist ein angeborener Trieb ein und die Katze „spielt" mit der Maus, wobei sie das betäubte Tier immer wieder mit der Pfote schlägt, es mit dem Maul festhält, wieder ein Stück laufen lässt und ihm nacheilt oder es in die Luft schleudert.

Dieser Trieb wird vor allem damit begründet, dass die Katze die Gefahr des Beutetieres nicht genau abschätzen kann, da vor allem Ratten fest zubeißen können. Mit dem „Spiel" versucht die Katze das Opfer zu betäuben. Weiterhin dient dieses Verhalten weiblicher Katzen dazu, ihren Kindern das Töten beizubringen.

Durch einen tödlichen Biss in den Nacken der Maus wird dieses „Spiel" beendet. Dabei setzt die Katze ihre scharfen Eckzähne, die sogenannten Fangzähne ein, die sich in das Rückenmark der Maus bohren und die Wirbel auseinander drücken. Um dies zu erreichen, klappert die Katze mit den Zähnen, um die richtige Stelle zu treffen.

Nach der erfolgreichen Jagd frisst die Katze die Maus nicht sofort, sondern sorgt erstmal für ein wenig Entspannung, um den Stress der Jagd erst einmal abzubauen: sie streckt, bewegt oder wälzt sich.

Hat die Katze sich wieder beruhigt, trägt sie ihre Beute zu einem ruhigen Ort.

Dort zerkleinert die Katze mit ihren Reißzähnen, den scharfen Backenzähnen, die Beute.

Die Knochen werden mitgefressen und im Magen von den aggressiven Säften des Verdauungstraktes vollständig zersetzt.

Entscheidet sich die Katze dazu, dem Katzenhalter ein „Geschenk" zu machen, so ist dies - wie fälschlicher Weise oft angenommen wird - kein Liebesbeweis, sondern ein Versuch, dem Katzenfreund das Jagen beizubringen. Sind die Mäuse bereits getötet, so hat die Katze kein großes Vertrauen in die Jagdfähigkeiten ihres Halters.

Die Vorteile der Rohfütterung

Was bietet nun die Rohfütterung Ihrer Katze für Vorteile?

Nach den ganzen Skandalen rund ums Tierfutter, die mehr und mehr aufgedeckt werden, ist ein Vorteil der Fütterung von Natural Cat Food, dass der Katzenhalter genau weiß, was im Napf der Katze landet. Er kann die Wahl der Zutaten bestimmen, die Qualität der Zutaten weitestgehend überwachen und so individuell füttern wie ihm beliebt.
Da viele Katzenbesitzer zur Rohfütterung wechseln, weil ihre Katze gesundheitliche Probleme aufweist, ist der größte Vorteil der Fütterung von Natural Cat Food vor allem der gesundheitliche Nutzen für die Katze. Die Katze erhält somit Futter, das ihrer Gesundheit besonders gut tut und ihrer gesamten Physiologie entgegen kommt.
Katzen sind für die Verwertung von Fleisch „erschaffen", ihr ganzer Organismus ist darauf ausgelegt. Rohes Fleisch belastet den Stoffwechsel kaum, ebenso wie den Verdauungstrakt, da es schnell verdaut wird und den Darm der Katze rasch passiert.
Das ist auf die hohe Verwertbarkeit des Fleisches für die Katze zurückzuführen.
Dieser positive Effekt drückt sich noch ganz anders aus und zwar auf dem Katzenklo. Roh ernährte Katzen haben eine bessere Verdauung und so eine geringere Menge Ausscheidungen, die auch weniger geruchsintensiv sind (etwa 1x täglich ein kleines Häufchen).
Dadurch, dass man die Auswahl der Zutaten in der Hand hat, kann man auf Besonderheiten der Katze ganz individuell eingehen und so z.B. Allergien behandeln.
Ein weiterer positiver Effekt der Rohfütterung ist die Wirkung auf das Gebiss der Katze. Futterbrocken die gekaut werden müssen, reinigen gut die Zähne, die Katze ist durch die Fütterung viel ausgeglichener und zusätzlich auch viel schlanker und muskulöser.
Das Futter enthält genügend Feuchtigkeit, so dass man sich keine Gedanken um die ungenügende Aufnahme von Flüssigkeit machen muss.

Nachteile

Nachteil Nummer eins ist wohl, dass man sich ein wenig Grundwissen aneignen sollte, bevor man mit der Rohfütterung der Katze beginnt. Aber dafür gibt es ja dieses Buch. Als weiterer Nachteil ist der geringe Mehraufwand zu nennen, der sich vor allem eben auf das Lesen dieses Buches sowie auf die Beschaffung der einzelnen Zutaten bezieht. Aber das kann ja auch Spaß machen!
Ich kenne viele Tierbesitzer, für die die Rohfütterung ihrer Tiere eine richtige Passion ist und die darin aufzugehen scheinen, wenn sie ihrem Tier die liebevoll zubereiteten Mahlzeiten vorsetzen. Das Tier

weiß es zu schätzen. Ich selbst bin glücklich, wenn ich ein glücklich fressendes Tier sehe.
Mit dem richtigen Management kann dieser Mehraufwand jedoch auf ein Minimum reduziert werden und die Ernährung mit Natural Cat Food ist so einfach wie das Öffnen einer Dose Katzenfutter.
In Bezug auf den Kostenfaktor ist das Füttern von Natural Cat Food mit der Fütterung eines „Premium" Futters vergleichbar. Auch wenn hier, im Vergleich zum natürlichen Rohfutter, nur der Preis „Premium" ist, nicht aber das Futter. Die Kosten, die so vielleicht mehr auf den Katzenhalter zukommen, würde ich nicht als Nachteil sehen; immerhin weiß man hier, was man für sein Geld bekommt. Beim herkömmlichen Katzenfutter ist man sich nicht wirklich sicher, was man seinem Tier damit anbietet.
Auf den Kostenfaktor gehe ich aber noch einmal ausführlicher in einem späteren Kapitel ein.
Eventuell kann es auch ein Mehraufwand sein, der Katze das rohe Futter erst einmal schmackhaft zu machen, denn nicht jede Katze stürzt sich gleich auf das neue Futter. Aber da der Katzenhalter sich gerne mit seinem Wohnungstiger beschäftigt, dürfte das kein Problem darstellen. Auch, dass der Katze das Futter zu bestimmten Zeiten angeboten wird und nicht zur freien Verfügung den ganzen Tag bereit steht, kann einen Mehraufwand für den Katzenhalter bedeuten.

Ausgewogenes Futter?

Immer wieder wird von den unterschiedlichsten Seiten, sei es vom Tierarzt, der Werbung etc. versucht, dem Katzenhalter zu suggerieren, dass es ihm nicht möglich ist, sein ihm anvertrautes Tier mit natürlichen Lebensmitteln gesund und ausgewogen zu ernähren.
Das ist jedoch falsch und geht leider oftmals auf Kosten des Tieres.

Da auch die meisten Menschen die Nahrung ihrer eigenen Kinder ausgewogen zusammenstellen ohne sich auf Fertignahrung zu verlassen, ist es ebenso möglich, mit ein wenig Rücksichtnahme auf die Besonderheiten des Katzenorganismus problemlos eine Mahlzeit für Ihre Katze vorzubereiten.
Auch der Katzenhalter nimmt nicht jeden Tag dieselbe Dose zur Hand, öffnet sie und genießt deren Inhalt, nur weil dies die ausgewogene und beste Kost für den Menschen ist.
Warum dürfen wir uns selber ernähren, aber die Verantwortung für das Futter unserer Tiere übernehmen zu können, wird uns abgesprochen?

Jeder Katzenhalter kann mit ein bisschen gutem Willen, dem Stubentiger ein gesundes, ausgewogenes Futter zusammenstellen!

Wobei wir beim Thema „Ausgewogenheit" wären. Entgegen der allgemein verbreiteten Meinung, jede Mahlzeit müsste ausgewogen von ihrem Gehalt an Nährstoffen sein, wie es die Fertigfuttermittel angeblich sind, muss die Ernährung der Katze über einen längeren Zeitraum hinweg ausgewogen sein.

Füttern wir die Katze mit rohem, naturgerechtem Futter, muss nicht jede Mahlzeit ausgerechnet und abgewogen werden und in ihrem Gehalt an Mineral- und Nährstoffen den Werten entsprechen, die in der entsprechenden Fachliteratur, für den täglichen Bedarf der Katze festgelegt wurden. Die Ausgewogenheit entsteht durch die Abwechslung in der Fütterung, weshalb auch nicht immer ein und dasselbe Rezept zubereitet und verfüttert werden sollte.

Überhaupt sind die Werte in der Fachliteratur nur Richtwerte von Durchschnittskatzen. Doch wer von uns hat eine solche Durchschnittskatze zu Hause? Jedes Tier ist ein Individuum. An den Richtwerten für die Katzenernährung kann man sich nur sehr grob orientieren. Vor allem vor dem Hintergrund, dass die Werte so unterschiedlich sind, dass man annehmen könnte, es handele sich nicht um dasselbe Tier.
Wenn sich alle einig wären, würden sich die einzelnen Fertigfuttermittel auch nicht in dem Maße unterscheiden. Auch Fertigfuttermittel sind nicht absolut ausgewogen und ich könnte kein Fertigfuttermittel empfehlen, dass Sie ein Leben lang an Ihre Katze verfüttern sollten. Würde es nur eine Möglichkeit geben die Katze zu ernähren, so würden sich die Fertigfuttermittel nicht so stark unterscheiden. In einem Futtermittel ist der Kalziumwert zu hoch, in einem anderen zu niedrig, das eine enthält zu viel Salz, das andere viel zu wenig Taurin, ein anderes zu wenig Fett, zu viele Kohlenhydrate oder zu wenig Flüssigkeit. Und was die Fertigfuttermittelhersteller schaffen, das schaffen Sie mit ein wenig Wissen noch besser.

Natürlich will ich Sie nicht ganz im Unklaren lassen und so finden Sie in diesem Buch eine Tabelle über den Bedarf der Katze, die als RICHTWERT dienen kann.
(Siehe Seite 44)

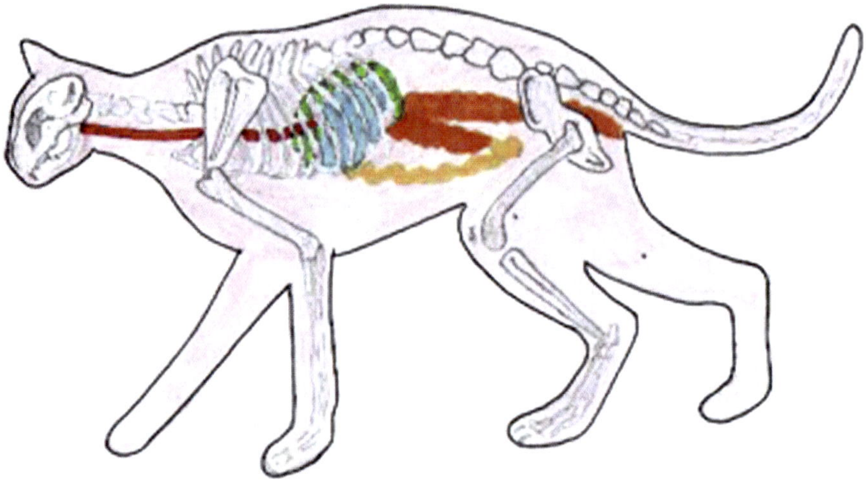

Der Verdauungstrakt der Katze

Wie jedes Lebewesen verfügt die Katze über einen Magen-Darm-Trakt der ganz ihren Bedürfnissen angepasst ist, ihre natürliche Nahrung zu verarbeiten und aus ihr die lebenswichtigen Stoffe zu ziehen, die sie benötigt.

Der Prozess der Verdauung wird in sechs Phasen aufgeteilt. Die Nahrungsaufnahme, der Nahrungstransport, die Zerkleinerung der Nahrung, das Herauslösen der Nährstoffe, die Verteilung der Nährstoffe und die Entsorgung der Abfälle.

Die Maulhöhle:

Der Anfang des Verdauungstraktes liegt in der Maulhöhle. Diese wird auch als Kopfdarm bezeichnet. In der Maulhöhle wird die Nahrung eingespeichelt, so dass sie problemlos in die Speiseröhre gleiten kann. Von der Nahrung schmeckt die Katze viel weniger als der Mensch. Dafür kann sie wesentlich besser riechen als dieser.

Der Speichel:

Anders als bei uns Menschen dient der Speichel der Katze lediglich zum Transport der Nahrung. Er

weist je nach Nahrung eine andere Beschaffenheit auf und ist mal flüssiger, mal eher schleimiger.
Bei trockener Nahrung ist der Speichel eher flüssig, bei zäher Nahrung wie einer Maus fällt der Speichel schleimiger aus und verbraucht so weniger Flüssigkeit, die dem Körper entzogen werden muss.
Pflanzenfresser beginnen (anders als die Karnivoren = Fleischfresser) schon im Maul mit der enzymatischen Zersetzung ihrer Nahrung, da ihr Speichel eine andere Zusammensetzung aufweist.

Die Zähne:
Die Zähne tragen erheblich dazu bei, dass der Fleischfresser Katze überhaupt dazu in der Lage ist, Beutetiere als Nahrung zu sich zu nehmen.
Das Gebiss muss für die Jagd, zum Fangen, Töten, Zerreißen und Zerkleinern der Beute perfekt ausgebildet sein. Mit den Fangzähnen wird der tödliche Biss am Opfer angebracht, mit den Reißzähnen, die weiter hinten in der Maulhöhle liegen und sehr scharf sind, werden die erjagten Tiere in kleinere Stücke zerteilt. Bei Pflanzenfressern sind diese Backenzähne mit großen Mahlflächen versehen, die so die pflanzliche Nahrung zermahlen und kauen können.

Der Magen:
Mit der Speiseröhre beginnt der Rumpfdarm des Tieres. Sie verbindet die Maulhöhle mit dem Magen. Durch sie gleitet das durch den Speichel angefeuchtete Futter hinab in den Magen. Der Magen ist U-förmig und stark dehnbar. Seine Größe ist vom Füllungszustand abhängig. Im Vergleich zu ihrer Größe besitzt die Katze einen weitaus größeren Magen als ein Pflanzenfresser wie z.B. ein Rind. Im Magen wird das aufgenommene Futter mit den Verdauungssäften vermischt, welche die vorhandenen Drüsen ausscheiden. Andere Drüsen sorgen wiederum mit der Sekretion von Schleim dafür, dass die Wände des Magens nicht von den aggressiven Magensäften angegriffen werden.
Magensäfte bereiten die Nahrung auf die Enzyme des Darmes vor. Weiterhin töten sie Bakterien und Mikroorganismen ab. Diese Produktion der Magensäfte findet beim Pflanzenfresser ständig statt. Beim Fleischfresser benötigt sie einen auslösenden Reiz, nämlich Fleisch. Fehlt dieser Schlüsselreiz, wird auch keine Magensäure produziert. Ist der Magen des Fleischfressers leer, findet auch keine Magensäureproduktion statt.
Ist die Nahrung ausreichend mit den Magensäften durchmischt, wird sie zum unteren Schließmuskel des Magens transportiert. Hier geht der Speisebrei in den Darm über.

Der Darm:
Vom Magen gelangt der Speisebrei in den Darm. Auch hier machen sich die Unterschiede zum Ver-

dauungstrakt des Pflanzenfressers bemerkbar. Fleischfresser verfügen über einen wesentlich kürzeren Darm als Pflanzenfresser.

Die Aufgaben des Darmkanals sind Aufschließung und Resorption der Nahrung, Durchmischung des Speisebreis, Weitertransport und Abtransport der unverdaulichen Bestandteile.

Der Darm besteht aus mehreren Segmenten.

Zuerst passiert der Speisebrei den kleinsten Teil des Dünndarms, den Zwölffingerdarm. Hier wird der Nahrung Galle zugesetzt. Diese gelblich bis grünliche Flüssigkeit dient dazu, die Magensäure zu neutralisieren und Fette in der Nahrung zu binden. Gallenflüssigkeit wird in der Leber gebildet, in der Gallenblase gespeichert und gelangt durch den Gallengang in den Zwölffingerdarm.

Weiter wird das Futter in diesem Abschnitt des Darmes mit Enzymen der Bauchspeicheldrüse versehen. Die Bauchspeicheldrüse (auch Pankreas genannt) liegt entlang des Zwölffingerdarmes und entleert ihr Sekret durch den Bauchspeicheldrüsengang in den Darm. Die Enzyme der Bauchspeicheldrüse neutralisieren durch Natriumbikarbonat ebenfalls die Magensäure und tragen zur Verdauung von Fetten, Kohlenhydraten und Proteinen bei. Sie bereiten die Nahrung darauf vor, vom Körper aufgenommen (resorbiert) zu werden.

Das Kommando über die Sekretion der Bauchspeicheldrüse übernehmen Hormone, die aus den Zellen des Dünndarms hervorgehen.

Eine weitere Funktion der Bauchspeicheldrüse ist die Produktion und Steuerung der Abgabe von Insulin und Glukagon in den Blutkreislauf, die den Blutzuckerspiegel kontrollieren.

Auf den Zwölffingerdarm folgt der Leerdarm. Er stellt den größten Teil des Dünndarmes dar. Hier wird der größte Teil der Nährstoffe vom Körper aufgenommen. Dafür weist die Schleimhaut des Darmes kleine Ausstülpungen auf (sogenannte Villi) deren Oberfläche ebenfalls mit weiteren, noch kleineren Erhebungen (Mikrovilli) bedeckt ist. Dies vergrößert die Oberfläche des Darmes und damit sein Aufnahmevermögen immens. Kapillare in den Mikrovilli transportieren die Nährstoffe zu größeren Venen, die wiederum über die Portalvene die Nährstoffe zur Leber bringen. Hier werden die Stoffe bearbeitet, gefiltert und an die benötigten Stellen weitergeleitet.

Durch die Verkürzung des Dünndarmes und des viel einfacheren Aufbaus der Darmflora eignet sich der Darmtrakt der Katze nicht besonders gut zur Verdauung von Kohlenhydraten.

Aus dem Leerdarm wandert der Speisebrei weiter in den Hüftdarm, der den Dünndarm mit dem Dickdarm verbindet.

Im Dickdarm finden bei der Katze im Vergleich zum Pflanzenfresser nur noch wenige Abbauprozesse statt. Hier kommt es bei der Kat-

ze zur Formung des Kotes. Dem Darminhalt werden hier Wasser sowie Elektrolyte entzogen.
Bestimmte Bakterien des Dickdarms, die auch als Dickdarmflora bezeichnet werden, spalten hier Ballaststoffe auf, welche die Katze nicht verdauen kann. Es entstehen Gase, die sich auch als Blähungen äußern können.
Wichtige Aufgabe der Dickdarmflora ist außerdem die Unterstützung der körpereigenen Abwehr sowie die Produktion lebenswichtiger Vitamine.
Ist der Dickdarm gefüllt, kommt es reflektorisch zum Kotabsatz. Durch den recht kurzen Darm der Katze werden ihr Keime, Bakterien etc. nicht so schnell gefährlich, da die verdaute Nahrung relativ schnell den Magen-Darm-Trakt wieder verlässt.
Die vollständige Verdauung von Fleisch und Knochen dauert maximal 24 Stunden, während ein Pflanzenfresser ein paar Tage mit der Digestion (Verdauung) seiner Nahrung beschäftigt ist.

Welches Futter benötigt dieser Verdauungstrakt?

An dem Aufbau des Magen-Darm-Systems der Katze kann man erkennen, dass der Verdauungstrakt der Katze so konstruiert ist, dass er sich nicht für die Aufnahme größerer Mengen Getreide eignet.
Die Katze verfügt nicht über Zähne mit großen Mahlflächen, um Pflanzen überhaupt in eine vom Körper verwendbare Struktur zu bringen. Mit den Zähnen einer Katze ist es nicht möglich Körner und Gräser zu zermalmen, um sie später aufschließen zu können. Das Getreidekorn würde in derselben Form den Körper verlassen, wie es in ihn hineingefunden hat.
Der Schlüsselreiz Fleisch fehlt bei der Getreidefütterung ebenfalls. Dies führt dazu, dass die getreidereiche Mahlzeit viel zu lange im Verdauungstrakt verweilt, weil nicht ausreichend Magensäfte gebildet werden können. (Getreide saugt zudem die Magensäfte auf).
Wird nicht genug Magensaft gebildet, können nicht genug Bakterien im Magen abgetötet werden, sie gelangen in den Darm und es kommt zu Durchfällen, Fehlgärungen, Parasiten im Darm usw.
Auch die Bauchspeicheldrüse wird überstrapaziert. Sie ist nicht auf die Getreideverdauung in so großen Mengen ausgelegt und kann nicht ausreichend Enzyme produzieren. Dadurch kann es zu einer krankhaften Vergrößerung der Bauchspeicheldrüse kommen.

Wäre die Katze für die Getreidefütterung in großen Mengen geeignet, müsste sie folgende Anatomie besitzen:

* Backenzähne mit großen Kauflächen (statt Reißzähnen)
* Schneidezähne, die nicht spitz sind, sondern breit und oben scharf zum Abrupfen der Nahrung (wie Gras, Blätter etc.)

* Speichel mit Enzymen, um schon im Maul mit der Verdauung beginnen zu können
* eine erhöhte Speichelproduktion
* einen kleinen Magen, dafür aber lange Gedärme(bei der Katze ist genau das Gegenteil der Fall)
* die Möglichkeit, auf den Reiz „Getreide“ reagieren zu können, um Magensäure zu produzieren.

Die Katze braucht also aufgrund ihrer Anatomie und Physiologie Fleisch.
Und das nicht nur in winzigen Mengen als Beilage, sondern als Hauptbestandteil einer artgerechten und gesunden Ernährung.
Leider sind heute viele Futtermittel nicht unter Berücksichtigung der Katzenanatomie konzipiert worden. Sie enthalten oftmals viel zu viel Getreide, was den Magen-Darm-Trakt der Katze, der in erster Linie auf Fleisch ausgerichtet ist, stark belastet.

Fleisch hat für die Katze die höchstmögliche Verwertbarkeit. Warum sollte also Fleisch gegen Getreide ausgetauscht werden, das die Katze nur schlecht verwerten kann?

Aus Fleisch kann das Raubtier Katze die Nährstoffe ziehen, die es für ein gesundes Leben benötigt.

Fleisch alleine reicht der Katze aber nicht aus, um gesund und vital zu bleiben. Sie benötigt noch andere wichtige Bestandteile in ihrer Nahrung. So ist die Katze nicht nur ein reiner Fleischfresser, sie frisst bei ihrer Beute auch z.B.Haut und Fell mit, welche die Katze mit Ballaststoffen in kleinen Mengen versorgen.
Auch die Knochen und die Innereien des gejagten Tieres frisst die Katze mit und führt ihrem Körper so alle lebenswichtigen Stoffe zu.

Wollen wir die Katze nicht alleine mit Futtermäusen ernähren, (was auch nicht ideal wäre, da gezüchtete Mäuse nicht mit wildlebenden Mäusen zu vergleichen sind) müssen wir versuchen, dennoch alle wichtigen Nährstoffe ins Futter zu integrieren. Das gelingt uns, wenn wir uns an die Regeln der Ernährung mit Natural Cat Food halten.

Die Grundlagen der Ernährungslehre

Katzen haben sich über viele Jahrhunderte sehr an ihre natürliche Nahrung angepasst. Beute enthielt schon immer große Mengen Proteine, Taurin und Vitamin A. Daran hat sich der Organismus der Katze gewöhnt. (Sie kann z.B. Vitamin A nicht über Betacarotin aufnehmen und Taurin nicht selbst in benötigtem Maße synthetisieren.)
Deshalb ist der Bedarf unserer Hauskatzen daran auch besonders hoch. Jetzt liegt es an uns, die Ernährung der Katze an ihren Bedarf anzupassen. Dazu müssen wir wissen, welche Stoffe der Körper der Katze braucht und wie wir diese in der Fütterung berücksichtigen können.

Energie für alle lebenswichtigen Funktionen

Um seine lebenswichtigen Funktionen ausüben zu können, muss der Organismus der Katze mit Nährstoffen in bestimmten Mengen versorgt werden.
In erster Linie ist er auf Energie angewiesen, wie alle anderen Lebewesen dieser Welt. Energie ist nötig um den Stoffwechsel aufrecht zu erhalten. Jede einzelne Zelle benötigt Energie um ihre Arbeit verrichten zu können, um sich zu teilen, zu wachsen, zu leben. Energie ist in den Nährstoffen enthalten, die der Katze über die Nahrung zugeführt werden. Das sind Proteine und Fette.
Der Bedarf an Energie wird durch diverse Faktoren beeinflusst wie Haltung, Temperatur, Bewegung, Dichte des Haarkleides, Hormonhaushalt (vor allem kastrierte und unkastrierte), Leistung (z.B. Säugen der Kitten, Trächtigkeit), Wachstum, Stress, Temperament, Alter, Ernährungszustand, Krankheiten etc.
Somit ist es nicht verwunderlich, dass sich in der Literatur unterschiedliche Angaben zum Energiebedarf der Katze finden lassen. So streitet man sich z.B. ob der Energiebedarf bei Katzen mit dem Alter abnimmt oder ansteigt.
Kommt es zu einem Ungleichgewicht zwischen Bedarf und Deckung des entsprechenden Bedarfs, so kommt es zu Gewichtsverlust oder Zunahme.

Energie kann gemessen werden. Früher wurde dies mit der Bezeichnung „Kalorie“ ausgedrückt. 1 Kalorie war die Energiemenge, die man benötigt um 1 g Wasser um 1 °C zu erhöhen. Heute wird dafür die Maßeinheit Joule (sprich: Dschaul) verwendet.
1 Kalorie (Cal) = 4,187 Joule (J)
1 Joule = 0,239 Kalorien
1.000 J = 1 Kilojoule (KJ)

Unterschiedliche Futtermittel versorgen die Katze mit unterschiedlich viel Energie, weil sie unterschiedliche Brennwerte besitzen. Dabei werden die Nahrungsmittel

verbrannt und die dabei freigesetzte Energie gemessen.
Nahrungsmittel mit hohem Brennwert versorgen die Katze also mit mehr Energie, also mit mehr Kalorien bzw. Joule.

Allerdings wird nicht alle theoretisch zur Verfügung stehende Energie (Bruttoenergie) des Lebensmittels vom Organismus, der es aufnimmt, auch verarbeitet. Energie die verwertet wird, wird als verdauliche Energie bezeichnet. Aber auch diese wird nicht vollständig in den Zellen verwertet. Der Teil, der für die Stoffwechselvorgänge genutzt wird, wird als umsetzbare Energie bezeichnet.

Je nach Leistung benötigt die Katze unterschiedliche Mengen an Energie. Dabei unterscheidet man zwischen Erhaltungsbedarf und Leistungsbedarf. Leistungsbedarf besteht z.B. im Wachstum, während der Trächtigkeit und der Säugezeit.

Folgende Nährstoffe versorgen die Katze mit Energie:

Proteine (Eiweiße):
Die Katze benötigt permanent Eiweiße für alle Funktionen ihres Körpers. Es kommen tierische und pflanzliche Eiweiße in der Natur vor. Proteine bestehen aus 20 unterschiedlichen Aminosäuren. Einige Aminosäuren sind für die Katze essentiell. Das bedeutet, dass diese Aminosäuren nicht selber vom Organismus der Katze gebildet werden können, sondern ihr über die Nahrung zugeführt werden müssen.

Alle anderen Aminosäuren werden in der Leber synthetisiert (hergestellt) und müssen nicht über das Futter aufgenommen werden.
Die Aminosäuren Taurin, Methionin und Arginin sind für den Katzenorganismus essentiell.
(Taurin ist keine „echte“ Aminosäure sondern eine Beta-Aminoethansulfonsäure wird aber den Aminosäuren zugeordnet.)

Methionin und Arginin werden der Katze in der gesunden Rohfütterung mit Natural Cat Food ausreichend zur Verfügung gestellt. Sie sind in genügendem Maße in Fleisch und Fisch (Lachs) enthalten.
Ausnahme bildet aber vor allem das Taurin. Katzen können in sehr geringen Mengen Taurin selbst bilden, benötigen aber für die Herstellung der Galle größere Mengen. Mäuse sind sehr taurinhaltig. Fleisch, welches wir aber in der Regel verfüttern, leider nicht. Mehr zu dem Thema finden Sie weiter unten.

Die Verdauung der über die Nahrung zugeführten Proteine beginnt im Magen der Katze. Hier wird die Proteinverdauung vorbereitet. Im Dünndarm werden die langen Aminosäurenketten der Proteine (auch als Peptide bezeichnet) mit

Hilfe von Enzymen zerkleinert, bis sie nur noch aus ein oder zwei Aminosäuren bestehen. Nun können sie von der Darmwand aufgenommen werden und gelangen über die Blutbahn in die Leber. Hier werden die nicht-essentiellen Aminosäuren aus essentiellen Aminosäuren und Stickstoff gebildet. Aminosäuren, die keiner Umwandlung mehr bedürfen, können direkt von der Blutbahn aus ins Gewebe wandern.

Die Aminosäuren dienen dem Körper zum Aufbau von Fell, Krallen, Haut und Organen. Überall im Körper werden die Aminosäuren benötigt. In Muskeln, Sehnen, Knochen befinden sich Proteine. Sie sind an den dauernden Auf- und Umbauprozessen im Körper beteiligt, werden dazu benötigt, neue Zellen aufzubauen und dienen dem Köper dazu, sich zu regenerieren. Gerade zur Energiegewinnung dienen die Proteine der Katze in erheblichem Maße.

Zusammen mit den Proteinen nimmt die Katze Stickstoff auf. Proteine bestehen zu etwa 16% aus Stickstoff. Er wird vom Körper benötigt, um z.B. nicht-essentielle Aminosäuren in der Leber herzustellen. Der Proteinbedarf der Katze ist also in der Regel ein Bedarf an Stickstoff plus Aminosäuren. Dieser Bedarf an Proteinen ergibt sich aus verschiedenen Faktoren wie Rasse, Größe, Alter, Aktivität und Konstitution des Tieres.

Wie hoch der Anteil an Proteinen im Futter sein sollte, hängt von der Proteinquelle ab sowie von der Verdaulichkeit des Futters. Je höher die Qualität der Proteine, umso kleiner ist die benötigte Menge. Handelt es sich hingegen um eine Proteinquelle von schlechter Verwertbarkeit und mit nur wenigen essentiellen Aminosäuren, desto mehr Futter wird benötigt, um den Bedarf der Katze zu decken. Eiweiße können also für die Katze unterschiedliche Verwertbarkeit besitzen.

Die Verdaulichkeit eines Nahrungsbestandteils wird daran gemessen, wie lange dieser benötigt, um vom Organismus aufgenommen zu werden. Hochwertiges und leicht verdauliches Eiweiß steckt in Muskelfleisch, Innereien, Fisch, Milchprodukten und Eiern. Hierbei handelt es sich ausschließlich um tierisches Eiweiß. Pflanzliche Proteine sind z.B. in großen Mengen in Soja vorhanden. Weniger gut verwertbare tierische Proteine stecken in Knorpeln und Knochen.

Für Katzen ist es wesentlich einfacher tierische Proteine zu verwerten als pflanzliche. Daher benötigt die Katze auch dringend Fleisch in ihrer artgerechten Nahrung.

Über pflanzliche Proteine kann der Eiweißbedarf der Katze nicht gedeckt werden. Eine rein vegetarische Ernährung kommt für die

Katze aus diesem Grund nicht in Frage.
Auch der Bedarf an Fett in der Nahrung der Katze ist in Zusammenhang mit den Proteinen zu betrachten. Je höher der Gehalt an Fett in der Nahrung, umso mehr Proteine werden benötigt, um ein ausgewogenes Stickstoffverhältnis zu gewährleisten.

Werden zu viele Proteine verfüttert, wandelt der Körper diese in Fett um. Hier ist also Vorsicht geboten, will man das Gewicht und die Figur der Katze erhalten.

Erhält die Katze zu wenige Proteine, so greift ihr Körper körpereigene Proteine (Muskeln) an. Die Katze baut zusehends ab.

Taurin:

Katzen können Taurin nicht aus schwefelhaltigen Verbindungen (Aminosäuren) gewinnen, weil das hierfür benötigte Enzym (Cystein-Sulfinsäure-Decarboxylase) im Katzenorganismus eine zu niedrige Aktivität für diesen Vorgang aufweist.
Wie weiter oben beschrieben, benötigen Katzen für die Gallenproduktion Taurin. Einen etwaigen Mangel an dieser Aminosäure können sie nicht wie andere Tierarten durch Glycin (eine Aminosäure) ersetzen. Weiterhin wird Taurin im Herzmuskel benötigt und weist neben anderen wichtigen Aufgaben im Körper antioxidative Eigenschaften auf. Taurin kommt nur in Lebewesen, nicht aber in Pflanzen vor (außer in der Kaktusfeige). Es wird durch Kochen zerstört. Gekochtes Fleisch enthält damit kein wichtiges Taurin für die Katze. Somit kommt das Kochen der Katzennahrung nicht in Frage.

Bei der Ernährung mit Natural Cat Food geben wir Taurin dem Futter zu, da das Futterfleisch, das wir verfüttern, geringere Mengen Taurin aufweist als die Beutetiere der Katze (Mäuse).

Ein Mangel an Taurin kann zu Netzhautdegeneration und damit zu Blindheit, aber auch zu Entwicklungs- und Fortpflanzungsstörungen, Herzmuskelschwäche sowie Skeletterkrankungen bei Kitten oder Störungen des Immunsystems führen.

Eine Überversorgung tritt nicht auf, da überschüssiges Taurin ausgeschieden wird.

Mehr zum Thema Taurin sowie über den Bedarf der Katze daran, finden Sie im Kapitel über die Ergänzungsfuttermittel.

Fette:

Fette gelten in der Katzenfütterung ebenso wie die Proteine als wichtige Energielieferanten. Katzen können große Mengen Fett tolerieren und gut verwerten.
Fette in der Nahrung werden auch

als Lipide bezeichnet. Sie kommen als pflanzliche sowie tierische Fette vor. Bevorzugt werden von der Katze tierische vor pflanzlichen Fetten.

Fettsäuren sind Ketten aus Kohlestoffatomen. Je länger die Kette ist, umso schwerer ist die Fettsäure verdaubar.

In Fettsäuren sind aber auch Wasserstoffatome vorhanden. Sie bestimmen den Sättigungsgrad der Fettsäuren. So sind einige Fettsäuren maximal mit Wasserstoffatomen gesättigt, andere wiederum nur unvollständig. Daher kommt es zu unterschiedlichen Bezeichnungen der Fettsäuren, die sich in gesättigte Fettsäuren sowie einfach ungesättigte und mehrfach ungesättigte Fettsäuren aufteilen.

Mehrfach ungesättigte Fettsäuren teilen sich wiederum in Omega-3- sowie Omega-6-Fettsäuren auf.

Dem Organismus der Katze ist es möglich, einige der Fettsäuren selber herzustellen und aufzubauen. Andere Fettsäuren wiederum sind für den Körper essentiell und müssen mit der Nahrung zugeführt werden. Für die Katze sind mehrfach ungesättigte Fettsäuren essentiell und müssen in der Fütterung berücksichtigt werden. Hierzu gehören Linolsäure und Arachidonsäure. Da der Bedarf der Katze an mehrfach ungesättigten Fettsäuren so hoch ist, liegt auch ihr Bedarf an Antioxidantien wie Vitamin E und Selen sehr hoch. Antioxidantien schützen vor dem Angriff von Sauerstoff, der den Fettsäuren schadet.

Alle Fette kennzeichnen sich dadurch, dass sie eine geringe Löslichkeit in Wasser zeigen. Sie sind wasserunlöslich und leichter als Wasser. Das erklärt, warum Fett immer oben auf dem Wasser schwimmt.

Mit Hilfe von Sauerstoff werden die Fette im Organismus der Katze verbrannt und in Energie umgesetzt.
Fett, welches nicht in Energie umgesetzt wird, wird vom Körper als Depotfett gespeichert. Hat die Katze also ein größeres Angebot an Fett als sie verwerten kann, kommt es zu Übergewicht.

Zudem sind die Fette für die Resorption der fettlöslichen Vitamine zuständig und dienen als Transportmittel für wichtige fettlösliche Vitamine wie Vitamin A, D, E und K. Diese Vitamine können über die Nahrung nur zusammen mit Fett in den Organismus gelangen.

Fett dient außerdem dem Schutz der Organe und wird als schützende Fettschicht um die Organe gebaut wie z.B. das Nierenfett. Fett ist in der Membran jeder einzelnen Zelle enthalten, das heißt überall wird Fett benötigt.

Der Fettgehalt des Katzenfutters sollte bei 6-8% liegen. Mehr dazu im Kapitel über Ergänzungsfuttermittel.

Kohlenhydrate:
Katzen benötigen keine Kohlenhydrate zur Energiegewinnung. Natürliche Beutetiere der Katze enthalten so gut wie keine Kohlenhydrate.

Die Katze nutzt die Gluconeogenese (die Bildung von Glucose aus Nichtkohlenhydrat-Vorstufen) zur Bildung von Glucose. Glucose dient der Energiegewinnung.

Kohlenhydrate sind Bestandteile der Pflanzen, die durch Photosynthese aus Kohlendioxid und Wasser gebildet werden. Wie Proteine und Fette sind sie ebenfalls aus Wasserstoff, Kohlenstoff und Sauerstoff zusammengestellt und lassen sich in unterschiedliche Gruppen aufteilen.

Kohlenhydrate sind Zucker. Gruppen der Kohlenhydrate sind Einfachzucker, auch Monosaccharide genannt, Zweifachzucker, die man auch als Disaccharide bezeichnet sowie Mehrfachzucker, welche auch den Namen Polysaccharide tragen.

Ausgewachsene Katzen benötigen keine Kohlenhydrate, sofern ihr Bedarf an Proteinen gedeckt ist. Somit benötigen Katzen in ihrem Futter auch kein Getreide.

Junge Katzen nehmen Kohlenhydrate in Form von Laktose aus der Muttermilch auf. Notwendig hierfür ist das Enzym Laktase, das ab einem gewissen Alter nicht mehr gebildet wird. Deswegen vertragen die meisten erwachsenen Katzen keine Milch.

Ballaststoffe (auch Zellulose oder Rohfaser genannt) sind ebenfalls Kohlenhydrate. Moleküle der Zellulose bestehen aus unzähligen Glucosemolekülen. Sie werden allerdings nicht zur Energiegewinnung benötigt und können auch nicht verdaut werden. Ballaststoffe helfen bei der Verdauung im Darm, indem sie die Motorik des Darmes anregen und den Darmtrakt reinigen.

Etwa 5% der Nahrung der Katze sollte aus Ballaststoffen bestehen. Mehr dazu im Kapitel über Ergänzungsfuttermittel.

Mineralstoffe

Mineralstoffe werden in der Ernährungslehre in Mengenelemente sowie Spurenelemente unterteilt. Es handelt sich hierbei um anorganische, also unbelebte Elemente.
Der Unterschied zwischen Mengen- und Spurenelementen ergibt sich aus der Menge der Stoffe, wie sie im Körper vorkommen. So sind die Mengenelemente in weitaus höherer Konzentration im Körper vorhanden als die Spurenelemente,

die, wie der Name schon sagt, lediglich in „Spuren“ im Organismus zu finden sind.

Mengen- und Spurenelemente dienen in der Regel zum Aufbau von Körpersubstanzen wie z.B. den Knochen oder auch zur Steuerung von Lebensvorgängen. Sie sind dafür da, den Bau der Knochen zu unterstützen, Enzyme zu aktivieren oder den Wasserhaushalt zu regeln.

Zu den Mengenelementen zählen Kalzium, Phosphor, Magnesium, Kalium, Chlor und Natrium. Sie machen fast den gesamten Mineralstoffgehalt des Körpers aus.

Als Spurenelemente werden folgende Stoffe bezeichnet: Eisen, Kupfer, Kobalt, Mangan, Zink, Jod, Selen sowie andere Elemente (Zinn, Fluor, Molybdän, Nickel usw.).

Alle Mineralien, die der Organismus benötigt, stellen nur einen sehr geringen Teil des gesamten Körpers dar, sind aber lebensnotwendig für die Katze, da sie von ihr nicht selber hergestellt werden können. Aus diesem Grund ist der Körper auf eine Zufuhr dieser Mineralien über die Nahrung angewiesen.

Mängel oder Überschuss an Mineralien können Schäden bei der Katze verursachen, bedürfen allerdings lang andauernder falscher Fütterung. Beachtenswert bei den Mineralien ist, dass Wechselbeziehungen zwischen den einzelnen Mineralien bestehen. Ein Überschuss eines Minerals kann z.B. die Aufnahme eines anderen verhindern oder hemmen.

Mengenelemente

Kalzium:

Kalzium befindet sich zum größten Teil in den Knochen und den Zähnen. Hier ist es für die Mineralisation zuständig. Ein kleiner Rest des Kalziums befindet sich in den Zellen, wo es bei der Blutgerinnung hilft und für die Stabilisation der Zellwände zuständig ist. Zudem spielt Kalzium für die Erregungsleitung in den Muskeln und Nerven eine wichtige Rolle.

Das Kalzium der Knochen wird in der Phase des Wachstums aufgebaut und unterliegt in der gesamten Lebensspanne der Katze ständig einem Auf- und Abbauprozess. Die Knochen dienen dem Kalzium als Speicherorgane.

Kalziummangel zeigt sich meist in Erkrankungen des Skeletts, da den Knochen Kalzium entzogen wird, welches der Körper an anderen Stellen benötigt. Auch Blutgerinnungsstörungen können mit einem Mangel an Kalzium einhergehen.

Kalzium steht immer in enger Verbindung mit Phosphor, welches ebenfalls zu den Mengenelemen-

ten zählt. Phosphor und Kalzium sollten immer in einem ausgewogenen Verhältnis im Futter der Katze vorhanden sein. Ein ausgewogenes Kalzium-Phosphorverhältnis beträgt in etwa 1,15:1 (Mehr dazu im Kapitel über Ergänzungsfuttermittel.).
Wird die Katze ausschließlich mit Fleisch gefüttert, ist ein gutes Kalzium-Phosphor Verhältnis nicht mehr gegeben. Das Verhältnis verschiebt sich dann ca. zu 1:20 und führt zu schweren Erkrankungen am Bewegungsapparat der Katze. Bei Fleischfütterung muss zusätzlich Kalzium an die Katze verfüttert werden. So auch bei der Fütterung von Natural Cat Food.

Da sich Kalzium in den Knochen befindet, kann der Kalziumbedarf mit der Fütterung von Knochen gedeckt werden. Dies ist die natürlichste Art der Kalziumaufnahme.
Mehr über die Kalziumversorgung der Katze ist im Kapitel über die Ergänzungsmittel zu finden.

Wichtig für die Aufnahme von Kalzium ist das Vitamin D. So kann es bei einer fettarmen Fütterung zu einem Mangel an Kalzium kommen, da Vitamin D ein fettlösliches Vitamin ist.

Mehr zum Thema Kalzium im Kapitel über die Ergänzungsfuttermittel.

Phosphor:
Auch Phosphor ist für das Skelett der Katze wichtig und ist zum größten Teil in den Knochen (und auch in den Zähnen) zu finden. Phosphor steht in der Fütterung meist in Beziehung zum Kalzium. Man spricht in der Regel von dem unter „Kalzium" erwähnten Kalzium-Phosphorverhältnis. Der Teil des Phosphors, der nicht in den Knochen gebunden vorliegt, ist im Körper an den unterschiedlichsten Stoffwechselvorgängen beteiligt. Phosphor ist im Zellkern jeder einzelnen Zelle vorhanden.

Phosphor kann der Katze über unterschiedliche Nahrungsmittel zugeführt werden. Als Phosphorquellen kommen vor allem Fleisch, Fisch und Knochen in Frage.

Ein Mangel sowie auch ein Überschuss an Phosphor wirken sich auf das Skelett der Katze aus. Ein Zuviel an Phosphor kann zu Kalziumverlust führen, weil das Kalzium aus den Knochen zur Aufrechterhaltung des Blutkalziumspiegels herangezogen wird. Deswegen ist die Beachtung des Kalzium-Phosphor-Verhältnisses in der Rohfütterung so wichtig.

Mehr dazu im Kapitel über Ergänzungsfuttermittel.

Magnesium:
Magnesium zählt zu den Mengenelementen, ist in seiner Konzentration im Körper allerdings wesentlich geringer als Kalzium und Phosphor. Auch Magnesium befindet sich zum größten Teil in den Knochen der Tiere. Der restliche Anteil ist in den Zellen sowie in der Zellflüssigkeit zu finden.

Magnesium wird für den Aufbau des Skeletts benötigt. Es dient dem Nervensystem, den Muskeln und aktiviert Enzyme. Magnesium ist aber auch wichtig für den Energiestoffwechsel in den Zellen.

Ein Mangel an Magnesium wirkt sich auf das Herz-Kreislauf-System sowie auf die Muskulatur aus. Er kann zu Krämpfen und Zittern der Muskeln führen.
Bei einer Überversorgung mit Magnesium kommt es in der Regel zu Durchfall. Ungünstigerweise kann sich eine Überversorgung auch auf die Bildung von Struvitsteinen bei der Katze auswirken, weswegen ich die magnesiumreduzierte Fütterung empfehle.
Den Bedarf der Katze an Magnesium deckt vor allem das Fleisch, Knochen und Knochenmehl.
Mehr dazu im Kapitel über Ergänzungsfuttermittel.

Kalium:
Kalium, ein Elektrolyt, ist in jeder Zelle vorhanden. Es regelt zusammen mit dem Natrium den Druckausgleich zwischen dem Inneren der Zellen und deren Umgebung (osmotischer Druck) und ist somit für den Wasserhaushalt zuständig. Zudem wirkt sich das Kalium auf das Säure-Basen-Gleichgewicht aus, dient der Reizübertragung der Nerven und Muskeln und aktiviert Enzyme.

Ein Mangel an Kalium tritt in der Regel nur dann auf, wenn die Katze lang anhaltenden Durchfall oder Erbrechen zeigt.
Ein Überangebot an Kalium wirkt sich ungünstig auf das Herz aus und führt z.B. zu Herzrhythmusstörungen.

Bei chronischen Nierenerkrankungen und bei Lebererkrankungen sowie Infektionen ist der Bedarf an Kalium erhöht und es sollte auf eine ausreichende Zufuhr an Kalium geachtet werden.

Kalium ist in ausreichender Menge im Fleisch vorhanden.

Chlorid:
Chlor oder Chlorid ist wie Natrium und Kalium ein Salz, das dem Elektrolythaushalt dient. Chlorid ist vor allem außerhalb der Zellen in der extrazellulären Flüssigkeit enthalten. Es bildet zusammen mit Wasserstoff die Magensäure und ist an enzymatischen Reaktionen beteiligt.

Ein Mangel an Chlor entsteht vor allem durch Durchfall bzw. Erbrechen, da hierbei für den Körper wertvolle Salze verloren gehen.

Aufnehmen kann die mit Natural Cat Food gefütterte Katze Chlorid durch Beigaben von kleinen Mengen Salz. Mehr dazu im Kapitel über die Ergänzungsfuttermittel.

Natrium:
Natrium (zählt ebenfalls zu den Elektrolyten) ist wie schon bei Kalium beschrieben dafür verantwortlich, die Druckverhältnisse im Zellraum zu regulieren. Auch am Säure-Basen-Haushalt sowie am Wasserhaushalt ist das Natrium maßgeblich beteiligt. Es dient zudem dem Nervensystem sowie den Muskeln.

Ein Mangel an Natrium kann durch Durchfall, Erbrechen und große Hitze auftreten.

Natrium kann der Katze z.B. in Form von Salz zugeführt werden, das ihrem Futter beigegeben wird, auch frisches Blut deckt den Bedarf der Katze an Natrium. Mehr dazu im Kapitel über die Ergänzungsfuttermittel.

Spurenelemente

Eisen:
Eisen ist Bestandteil der Proteine (Hämoglobin) in den roten Blutkörperchen, die für den Sauerstofftransport im Blut zuständig sind. Aber nicht nur im Blut, sondern auch in der Muskulatur und in allen Zellen des Körpers ist Eisen zu finden. Eisen ist wichtig für das Immunsystem, dient als Kofaktor für einige Enzyme und wird in der Zellatmung benötigt.

Eisen wird der Katze über die Nahrung in Form tierischer Futtermittel zugeführt. Als tierische Futtermittel kommen hier besonders die Innereien in Frage (z.B. Leber oder Milz). Auch über die Fütterung von Blut können wir den Bedarf der Katze decken. Ist die Verfütterung von Blut nicht möglich, so kann das Ergänzungsmittel Fortain verfüttert werden. Mehr dazu im Kapitel über Ergänzungsfuttermittel.

Gespeichert wird Eisen von der Katze in der Leber, der Milz sowie dem Knochenmark. Dank dieser Möglichkeit kommt ein Eisenmangel nur sehr selten vor. Ein hoher Eisenverlust tritt nur ein, wenn die Katze größere Mengen Blut verliert.

Nimmt die Katze allerdings zu viel Eisen zu sich, kann das bei Kitten auch zum Tode führen. Gekennzeichnet ist ein Überschuss z.B. durch starke Abmagerung des Tieres.
Da die Aufnahmefähigkeit des Eisens über die Nahrung allerdings gering ist, ist eine Überversorgung sehr selten.

Kupfer:
Die Aufgaben des Kupfers sind eng mit denen des Eisens verbunden. So dient Kupfer der Aufnahme und dem Transport des Eisens. Weiterhin wird es benötigt, um zusammen mit dem Eisen Hämoglobin (den roten Blutfarbstoff) zu bilden. Andere Aufgaben des Kupfers sind sein Mitwirken in der Bildung von Pigmenten, bei der Herstellung von Kollagen (Bindegewebe) und seine Aufgabe beim Aufbau des Skeletts.

Nachdem das Kupfer über die Darmwände aufgenommen wurde, erfolgt ein Transport zur Leber. Hier wird es auch gespeichert, so dass in der Leber die höchste Kupferkonzentration zu finden ist. Nimmt die Katze mehr auf als sie benötigt, so wird überschüssiges Kupfer über die Gallenflüssigkeit ausgeschieden. Störungen, die den Abfluss der Gallenflüssigkeit aus der Galle betreffen, können so zu einer gefährlichen Erhöhung der Kupferkonzentration in der Galle führen.

Ein Mangel an Kupfer drückt sich, durch seine Ähnlichkeit zum Eisen, auch fast wie ein Eisenmangel aus. Anzeichen eines Mangels sind z.B. Anämie (wie auch bei Eisenmangel), Depigmentierung sowie Fehlwachstum des Skelettsystems bei Katzen im Wachstum. Mängel treten aber in der Regel nur selten auf.

Der Bedarf der Katze an Kupfer wird ausreichend durch die Fütterung von Natural Cat Food gedeckt und muss bei der Zugabe von Ergänzungsfuttermitteln nicht beachtet werden.

Kobalt:
Kobalt ist noch relativ unerforscht von der Wissenschaft. Aus diesem Grunde können an dieser Stelle nicht viele Informationen über dieses Spurenelement gegeben werden. Fest steht, dass es sich beim Kobalt um einen Bestandteil des Vitamin B 12 handelt. Somit ist der Bedarf an Kobalt bei der Katze gesichert, wenn sie mit ihrer Nahrung genug Vitamin B 12 zu sich nimmt. Das geschieht über die Verfütterung von Bierhefe. Mehr dazu im Kapitel über Ergänzungsfuttermittel.

Mangan:
Mangan ist in jeder Zelle zu finden, da es ein wichtiger Bestandteil der Mitochondrien (Kraftwerke der Zelle) ist. Es ist für die Knochenentwicklung sowie für das Gehirn und die Fortpflanzung zuständig.

Der Bedarf der Katze an Mangan wird ausreichend über die Fütterung von Natural Cat Food gedeckt und muss in den Ergänzungsfuttermitteln nicht beachtet werden.

Zink:
Zink ist ein Spurenelement mit vielen Aufgaben. Neben dem Eisen ist es das am weitesten verbreitete Spurenelement. Es kommt in vielen Geweben im Körper vor und ist am Stoffwechsel von Kohlenhydraten, Fetten und Proteinen beteiligt. Auch für das Auge spielt Zink eine entscheidende Rolle. So findet sich die höchste Konzentration von Zink im Körper in der Aderhaut des Auges wieder, aber auch in Haut, Haaren, dem Skelett der Tiere und in der Leber ist Zink vorhanden.

Die Aufnahme von Zink kann durch die Aufnahme von Kalzium, Kupfer, Eisen sowie Faserstoffen vermindert werden. Tritt ein Mangel an Zink auf, zeigt sich dieser in der Regel in Wachstumsstörungen oder -verzögerungen bei jungen Katzen sowie in Abmagerung, Störungen in der Fortpflanzung, des Immunsystems und der Haut bei älteren Katzen. Besonders Veränderungen der Haut und des Fells (stumpf, glanzlos) zeigen bei Katzen einen Zinkmangel an.

Tritt eine Überversorgung mit Zink auf, kann es zu einem Mangel an Kalzium und Kupfer kommen.

Zinkmangel ist selten bei der Katze, wenn sie nicht mit Futter ernährt wird, dessen pflanzlicher Gehalt sehr hoch liegt, da dies die Zinkaufnahme hemmt.

Der Bedarf der Katze an Zink wird ausreichend über die Fütterung von Natural Cat Food gedeckt und muss in den Ergänzungsfuttermitteln nicht beachtet werden.

Jod:
Jod wird vom Organismus der Katze vor allem benötigt, um die Hormone der Schilddrüse herzustellen. Die höchste Jodkonzentration im Körper befindet sich demzufolge natürlich in der Schilddrüse.

Tritt ein Mangel an Jod auf, ist das wichtigste Anzeichen der Kropf, eine Vergrößerung der Schilddrüse sowie Wachstumsstörungen, Apathie, Gewichtsverlust und Haarausfall. Allerdings ist ein Jodmangel bei der Katze relativ selten.

Bekommt die Katze zu viel Jod über die Nahrung geliefert, kann sich dies in den gleichen Symptomen ausdrücken, welche in Bezug auf den Jodmangel genannt wurden.

Seealgen können den Jodbedarf der Katze decken. Mehr dazu im Kapitel über die Ergänzungsfuttermittel.

Selen:
Selen schützt zusammen mit Vitamin E die Zellwände vor Schäden durch Oxidation. Hohe Konzentrationen von Selen im Körper befinden sich in der Leber, der Niere sowie den Haaren.
Ein Mangel an Selen ist weitgehend unbekannt bei der Katze, da es im Futter reichlich vorhanden ist. Bei Kitten zeigt sich eine Unterversorgung in Wachstumsstörungen sowie Muskelatrophie (Muskelschwund).

Bekommt die Katze mit ihrer Nahrung zu viel Selen geliefert, kann es zu Schwäche, Erbrechen und Nervosität kommen.

Selen findet man vor allem in Fleisch und Fisch. Die Katze wird also über die Rohfütterung mit Natural Cat Food ausreichend mit Selen versorgt.

Andere Spurenelemente:
Über die Bedeutung anderer im Organismus vorkommender Spurenelemente wie Zinn, Molybdän, Fluor, Nickel, Silicium, Vanadium und Arsen ist heute noch so gut wie nichts bekannt. Wissenschaftler gehen davon aus, dass auch Katzen sie benötigen, allerdings in noch viel niedrigeren Konzentrationen wie die oben aufgeführten Elemente. Werden die hier genannten Spurenelemente in größeren Mengen der Katze zugeführt, so kommt es zum Tod, da alle diese Stoffe eine stark toxische Wirkung aufweisen.

Vitamine

Vitamine sind, ebenso wie die Mineralien, wichtige Stoffe in der Ernährung.
Sie sind für den Organismus lebensnotwendig und müssen ihm in kleinen Mengen zugeführt werden, da der Körper der Katze sie nicht oder nicht in der benötigten Menge herstellen kann.

Vitamine sind organische Verbindungen, die biologische Vorgänge im Organismus regulieren.
Ihre Aufgabe besteht unter anderem in einer Regulierung der Verwertung von Nährstoffen. Sie sind für deren Ab- und Umbau zuständig und dienen somit indirekt auch der Energiegewinnung. Vitamine stärken das Abwehrsystem und sind unverzichtbar beim Aufbau von Zellen, Blut, Knochen und Zähnen. Jedes einzelne Vitamin erfüllt bestimmte Aufgaben und hat somit eine unterschiedliche Wirkungsweise.

Vitamine werden in zwei Gruppen unterteilt: in fettlösliche Vitamine und in wasserlösliche Vitamine.

Als fettlösliche Vitamine werden die Vitamine A, D, E und K bezeichnet. Zu den wasserlöslichen Vertretern der Vitamine gehören die Vitamine des B-Komplexes sowie Vitamin C.

Fettlösliche Vitamine, die die Katze mit der Nahrung aufnimmt, werden zusammen mit dem Fett verdaut und gelangen über die Darmwand in den Organismus. Sie werden in der Leber gespeichert. Die Katze kann diese Vitamine also auf Vorrat fressen. So kann es bei einer Hypervitaminose (Übervitaminisierung) zu einer giftigen Ansammlung dieser Vitamine in der Leber kommen.

Wasserlösliche Vitamine hingegen lassen sich nicht in dem Maße vom Körper speichern, wie die fettlöslichen Vertreter der Vitamine. Die Katze ist also auf eine dauernde Zufuhr angewiesen.
Das macht einen Mangel an wasserlöslichen Vitaminen weitaus wahrscheinlicher, als dies bei fettlöslichen Vitaminen der Fall ist. Eine Überversorgung wird dadurch allerdings weitgehend ausgeschlossen.

Vitamin A = Retinol:
Vitamin A wird auch als Retinol bezeichnet. Es wird der Kategorie der fettlöslichen Vitamine zugeordnet und kann somit vom Körper gespeichert werden.

Vitamin A dient im Körper der Sehkraft, dem Knochenwachstum, der Fortpflanzungsfähigkeit sowie der Erhaltung der Haut und Schleimhäute.

Die Katze nimmt mit der Nahrung Vitamin A aus Leber, Eigelb und tierischen Fetten auf.
Eine Vorstufe des Vitamin A ist das in den Pflanzen vorkommende Betacarotin.
Katzen können Vitamin A nicht aus Betacarotin synthetisieren, wie dies bei Hunden oder auch beim Menschen der Fall ist.

Ein Mangel an Vitamin A drückt sich vor allem in verminderter Fruchtbarkeit, Sehstörungen sowie Störungen der Haut und des Haarkleides aus, wird aber nur sehr selten bei der Katze beobachtet.

Überversorgung ist bei Katzen häufiger als ein Mangel und führt zu Schäden an der Wirbelsäule. (Allerdings erst bei lang anhaltender Fehlfütterung wie z.B. große Mengen Leber täglich.)

Gedeckt wird der Bedarf der Katze über die Verfütterung von Leber und Eigelb. Mehr dazu im Kapitel über die Ergänzungsfuttermittel.

Vitamin-B-Komplex:
Die Vitamine des B-Komplexes sind allesamt wasserlöslich. Sie werden als Gruppe zusammengefasst, da sie über ähnliche Funktionen verfügen. Es kommen neun B-Vitamine vor.

Vitamin B 1 = Thiamin:
Das Vitamin B 1 spielt eine große Rolle im Kohlenhydratstoffwechsel und ist somit für die Katze nicht so wichtig.
Ein Mangel kann aber dann auftreten, wenn man zu große Mengen Fisch verfüttert. Mehr dazu ist in

dem Kapitel über Fisch nachzulesen.

Eine Überversorgung ist ebenfalls selten, da wasserlösliche Vitamine nicht gespeichert, sondern über den Urin ausgeschieden werden.

Natürliche Vorkommen von Vitamin B 1 in der Nahrung: Rindfleisch, Leber, Herz, Bierhefe.

Vitamin B 2 = Riboflavin:
Vitamin B 2 dient der Verbrennung und Energiegewinnung von Fetten, Kohlenhydraten und Eiweißen. Desweiteren dient es dem Transport von Wasserstoff und ist nützlich für Augen, Haut und Schleimhäute.

Ein Mangel an Vitamin B 2 kann fast ausgeschlossen werden. Sollte dennoch eine Unterversorgung auftreten, stellt sie sich mit Schuppenbildung, Schwäche und Störungen in der Fortpflanzung dar.

Eine Überversorgung tritt nicht auf, da Riboflavin vom Körper nicht gespeichert werden kann.

Natürliche Vorkommen von Vitamin B 2 in der Nahrung: Milchprodukte, Leber, Niere, Herz, Fisch, Bierhefe.

Vitamin B 3 = Niacin:
Vitamin B 3 ist ebenfalls am Stoffwechsel von Fetten, Kohlenhydraten und Proteinen beteiligt.

Bei einem Mangel an Vitamin B 3 ist vor allem die Zunge der Katze betroffen. Sie wird wund, dick und rot und eventuell auch schwarz. Zudem kann es zu einer Anämie (Blutarmut) kommen.
Eine Überversorgung tritt selten auf, da Niacin über die Nieren ausgeschieden und nicht im Körper gespeichert wird. Kommt es dennoch zu einer Überversorgung, geht diese mit Hautsymptomen wie z.B. Juckreiz einher.

Natürliche Vorkommen von Vitamin B 3 in der Nahrung: in allen tierischen Produkten, Fisch, Fleisch, Milchprodukten, Eiern, Bierhefe.

Vitamin B 5 = Panthothensäure:
Vitamin B 5 kommt in allen Körpergeweben lebender Tiere vor. Es ist Bestandteil des Koenzym A, welches an vielen Vorgängen im Organismus beteiligt ist.

Da Vitamin B 5 in fast allen Nahrungsmitteln enthalten ist, ist ein Mangel selten.

Eine Überversorgung tritt in der Regel nicht auf, da es als wasserlösliches Vitamin ausgeschieden und nicht gespeichert wird.
Natürliche Vorkommen von Vitamin B 5 in der Nahrung: in fast jedem Nahrungsmittel zu finden. Leber und Heringe weisen einen besonders hohen Gehalt auf.

Vitamin B 6 = Pyridoxin:
Vitamin B 6 wird im Körper für den Aminosäurenstoffwechsel sowie für die Verstoffwechselung der Proteine benötigt. Es dient der Bildung von Blut, dem Hormonstoffwechsel und ist wichtig für das Immunsystem.

Der Bedarf der Katze an Pyridoxin ist vom Proteingehalt der Nahrung abhängig.

Ein Mangel ist weitgehend unbekannt, ebenso eine Überversorgung.

Natürliche Vorkommen von Vitamin B 6 in der Nahrung: Leber, Fleisch, Fisch, Bierhefe.

Vitamin B 12 = Cobalamin:
Vitamin B 12 enthält das Mineral Kobalt, weswegen es auch den Namen Cobalamin trägt. Vitamin B 12 dient dem Stoffwechsel von Kohlenhydraten und Fetten und ist am Transport von Kohlenstoffen im Organismus beteiligt.

Tritt ein Mangel auf, drückt sich dieser in der Regel durch Anämie und Störungen im Nervensystem aus.

Eine Überversorgung tritt in der Regel nicht auf, da Vitamin B 12 nicht gespeichert wird.

Natürliche Vorkommen von Vitamin B 12 in der Nahrung: Leber, Niere, Fleisch, Fisch, Milchprodukte, Eier, Algen, Bierhefe.

Folsäure:
Folsäure gehört ebenfalls zum Vitamin-B-Komplex. Sie ist wichtig für das Zellwachstum und die Vermehrung von Zellen. Außerdem dient sie der Bildung von Blut und ist notwendig für den Aminosäurenstoffwechsel.

Ein Mangel ist selten.
Eine Überversorgung ist nahezu auszuschließen, da überschüssige Folsäure ausgeschieden wird.

Natürliche Vorkommen von Folsäure in der Nahrung: Leber, Fleisch.

Cholin:
Cholin gehört ebenfalls zu den Vitaminen des B-Komplexes. Es ist für zahlreiche Stoffwechselreaktionen im Körper verantwortlich. Cholin dient dem Transport der Fettsäuren und ist auch in den Zellmembranen enthalten. Zudem ist es hilfreich beim Abbau von Fetten in der Leber.

Da Cholin im Futter ausreichend vorkommt, ist ein Mangel bislang unbekannt.

Eine Überversorgung tritt selten auf.

Natürliche Vorkommen von Cholin in der Nahrung: Leber, Herz, Eigelb, Hefe, Weizenkeime.

Vitamin H = Biotin:
Biotin zählt ebenfalls zum Vitamin-B-Komplex. Es ist wichtig für das gesunde Wachstum von Haut, Fell und Krallen. Desweiteren spielt es eine Rolle im Fettsäurestoffwechsel sowie in der Herstellung nicht-essentieller Aminosäuren.

Bei einem Mangel an Vitamin H treten Juckreiz, Schuppen, Haarausfall und andere Probleme im Haarkleid der Katze auf. Eine Unterversorgung ist aber sehr selten, da meist genügend Biotin in der Nahrung vorhanden ist.

Eine Überversorgung mit Biotin ist als ungefährlich zu betrachten.

Natürliche Vorkommen von Biotin in der Nahrung: Eigelb, Leber, Milch, Lammfleisch, Reis, Bierhefe.

Vitamin C = Ascorbinsäure:
Vitamin C wird von der Katze in der Leber aus Glucose synthetisiert (hergestellt). Der Organismus der Katze benötigt Vitamin C vor allem für das Immunsystem, aber ebenso für das Bindegewebe, das Knochenwachstum sowie für den Eisenstoffwechsel.
Ein Mangel kommt so gut wie gar nicht vor, da die Katze Vitamin C selbst synthetisieren kann.

Eine Überversorgung tritt ebenfalls kaum auf, da ein Überschuss vom Körper ausgeschieden wird.

Vitamin D = Vitamin D 2 und D 3:
Vitamin D 2 wird auch Ergokalziferol genannt und Vitamin D 3 auch als Cholekalziferol bezeichnet. Beide werden als Provitamine charakterisiert und regulieren den Kalzium-Phosphor-Stoffwechsel.
Sie gehören zu den fettlöslichen Vitaminen und lassen sich vom Körper speichern.

Vitamin D 2 wird für die Kalziumaufnahme benötigt.

Vitamin D 3 als Provitamin kann von der Katze selbst hergestellt oder als Cholekalziferol über tierische Nahrungsmittel aufgenommen werden. Für die Eigensynthese von Vitamin D benötigt die Katze viel Sonnenlicht. Somit haben es hellhäutige Tiere leichter Vitamin D zu produzieren, als Tiere mit dunkler Fellfarbe. Für Katzen ist es auch aus diesem Grund sehr wichtig, dass sie sich (zumindest zeitweise oder auf dem Balkon) im Freien aufhalten können.

Beide Formen des Vitamin D werden in der Leber sowie in den Fett- und Muskelgeweben gespeichert. Sie werden vom Körper zur Erhaltung des Skelettsystems benötigt und sorgen in den Nieren, im Darm und in den Knochen dafür, dass der Kalziumspiegel sowie der Phosphorspiegel im Blut erhöht werden, so dass eine Mineralisierung der Knochen stattfinden kann.

Ein Mangel an Vitamin D kann Störungen in der Mineralisierung der Knochen nach sich ziehen, also zu Rachitis (Knochenerweichung im Jugendalter) führen. Bei erwachsenen Katzen kommt dies in der Regel nicht vor.

Bei einer überhöhten Zufuhr von Vitamin D kann es zu einer Vergiftung mit den Symptomen von Erbrechen, Durchfall usw. kommen.

Natürliche Vorkommen von Vitamin D in der Nahrung: fetthaltige Fische (Lachs!), Eigelb, Fischleber, Lebertran, Butter, Fleisch.

Bei der Fütterung mit Natural Cat Food ergänzen wir das Futter für den Gehalt an Vitamin D mit Lachs. Mehr dazu im Kapitel über Ergänzungsfuttermittel.

Vitamin E = Tocopherol:
Alle Gewebe des Körpers enthalten geringe Mengen Vitamin E. In der Leber liegen höhere Konzentrationen vor, da es hier gespeichert wird. Bei Vitamin E handelt es sich um ein fettlösliches Vitamin.
Die Aufgabe des Tocopherol ist die eines Antioxidans. Das heißt, es verhindert Schäden durch Oxidation im Organismus. Ungesättigte Fettsäuren z.B. benötigen die Antioxidantien, um nicht ranzig zu werden.

Ein Mangel an Tocopherol kann zu Problemen der Muskulatur sowie am Herzen führen.

Eine Überversorgung ist so gut wie auszuschließen. Sie würde gegebenenfalls mit Abmagerung einhergehen.

Natürliche Vorkommen von Vitamin E in der Nahrung: Weizenkeimöl, Getreide, Fisch, Sonnenblumenöl, Eier.
Bei der Fütterung mit Natural Cat Food ergänzen wir das Futter für den Gehalt an Vitamin E mit Weizenkeimöl oder Vitamin-E-Tropfen. Mehr dazu im Kapitel über die Ergänzungsfuttermittel.

Vitamin K = Chinone:
Als Vitamin K wird eine Gruppe von Verbindungen bezeichnet, die auch Chinone genannt werden. Zu den Chinonen gehören die Vitamine K 1 (Phyllochinon) und K 2 (Menachinon). Beide Vitamine sind fettlöslich und können vom Körper gespeichert werden. Vitamin K spielt z.B. in der Blutgerinnung eine entscheidende Rolle oder auch in der Knochenbildung.
K 1 kommt in Pflanzen vor wie z.B. grünen Blattsalaten. K 2 wird vom Organismus der Katze gebildet. So ist die Eigensynthese wichtiger, als die Zufuhr über das Futter.
Ein Mangel an Vitamin K tritt vor allem dann auf, wenn der Darm durch Antibiotikum stark geschädigt ist und die Katze Schwierigkeiten hat, selber Vitamin K 2 herzustellen. Eine Überversorgung ist weitgehend unbekannt.
Natürliche Vorkommen von Vitamin K: Leber, Geflügel, Algen**Die**

Bedarfswerte an Nährstoffen für die Katze

Katzen haben, wie wir wissen, einen bestimmten Bedarf an Nährstoffen. Neben diesem Bedarf, den Wissenschaftler seit Jahren mit den unterschiedlichsten Ergebnissen erforschen, sollte man nicht den Nährstoffgehalt der Beutetiere vergessen und das Futter der Katze auch mit den verschiedenen Beutetierdaten vergleichen. Beutetiere (Mäuse) enthalten eine andere Nährstoffzusammensetzung als allgemein für den Bedarf der Katze empfohlen wird.
Leider gibt es nur wenige Nährstoffangaben zu Mäusen und anderen Beutetieren. Einzig aus der Terraristik, die Mäuse als Futtertiere für Reptilien nutzt, sind einige Werte bekannt. Der hier veröffentlichte Nährstoffbedarf der Katze ist in Anlehnung an Dr. Marcel Wanner, Professor an der Universität Zürich, geschrieben worden. Änderungen habe ich z.B. in Bezug auf Taurin, Kalium und Magnesium vorgenommen. Diese Werte habe ich in der Tabelle auf Seite 44 dargestellt. Die Werte von Dr. Wanner stehen in Klammern vor meinen ergänzten Angaben.

Taurin:

Wanner gibt den täglichen Bedarf mit 20 mg/kg Körpergewicht der Katze an. Ich empfehle in Anlehnung an die Beutetiere 120 mg pro kg Körpergewicht der Katze an Taurin zu supplementieren.

Kalium:

Weiterhin ist der Bedarfswert unter Kalium in der Tabelle sehr niedrig (80 mg/kg) angegeben. Wir sollten allerdings beachten, dass Mäuse viel mehr Kalium enthalten, als die Katze benötigt. Höhere Werte schaden der Katze jedoch nicht. So wird in der Katzenrohfütterung in der Regel ein Kalium-Natrium-Verhältnis von 2:1 verwendet, wie Sie es auch meiner Tabelle entnehmen können.

Magnesium:

Die Werte für Magnesium sind in der Tabelle sehr hoch angegeben, wohingegen Mäuse ein niedrigeres Phosphor-Magnesium-Verhältnis aufweisen (siehe dazu im Kapitel über Ergänzungsfuttermittel). Bei Mäusen liegt das Phosphor-Magnesium-Verhältnis bei 1:0,06. In der Tabelle habe ich diese Tatsache berücksichtigt.

Hinweise:

* Die Vitamine A und E sind in der Tabelle in IE = Internationalen Einheiten angegeben. Mehr Infos dazu finden Sie im Kapitel Ergänzungsfuttermittel unter Vitamine.
* µg und myg sind die selbe Maßeinheit = Mikrogramm. Ich benutze in diesem Buch die Bezeichnung myg. 1 g = 1.000 mg = 1.000.000 myg/µg, 1 mg = 1000 myg

Bedarf pro kg Körpergewicht

Nährstoffe	Adulte Katze	Trächtigkeit	Säugende Katze			Kitten/Wachstum	
	Erhaltungsbedarf	2. Hälfte d. Trächtigkeit	< 3 Kitten	3-4 Kitten	>4 Kitten	< 1 kg/10 Wochen	> 1 kg/10 Wochen
Energiebedarf (MJ)	0,29 -0,33	0,4	0,42	0,68	0,79	sinkend 1,0-0,8	0,55-0,33
Proteinbedarf (g)	4,71	6,3	4,5	10,5	13	sinkend 18-14,40	9,35-5,28
Taurin (mg)	(20) 120	(20) 120	(20) 120	(20) 120	(20) 120	(20) 120	(20) 120
Fettsäuren							
Linolensäure (mg)	250	250	250	250	250	250	250
Arachidonsäure (mg)	3	3	3	3	3	3	3
Mineralstoffe Mengenelemente							
Kalzium (mg)	80	110	138	327	397	200	150
Phosphor (mg)	70	100	83	236	247	175	130
Magnesium (mg)	(12) 4,20	(18) 6,00	(14) 4,98	(18) 14,16	(22) 14,82	(28) 10,50	(20) 7,80
Natrium (mg)	80	110	144	250	294	150	100
Kalium (mg)	(80) 160	(110) 220	(140) 248	(250) 500	(290) 588	(160) 300	(120) 200
Chlorid (mg)	120	170	220	380	450	180	150
Mineralstoffe Spurenelemente							
Eisen (mg)	1,5	2,1	1,9	3	3	2	2
Kupfer (mg)	0,1	0,15	0,14	0,25	0,25	0,25	0,25
Zink (mg)	1	1,4	1,9	3,2	4	2,5	2,5
Mangan (mg)	0,1	0,14	0,3	0,3	0,3	0,2	0,2
Jod (mg)	0,05	0,06	0,16	0,16	0,16	0,15	0,15
Selen (myg)	2	5	5	5	5	5	5
Vitamine fettlöslich							
Vitamin A (IE)	100	150-250	150-250	150-250	150-250	200	200
Vitamin D (IE)	5	10	10	10	10	10	10
Vitamin E (mg)	2	4	4	4	4	4	4
Vitamine wasserlöslich							
Vitamin B1 (myg)	100	300	300	300	300	200	200
Vitamin B2 (myg)	50	100	100	100	100	100	100
Vitamin B6 (myg)	80	100	100	100	100	100	100
Vitamin B12 (myg)	0,4	0,5	0,5	0,5	0,5	0,5-1,2	0,5-1,2
Panthothensäure (myg)	200	400	400	400	400	400	400
Nicotinsäure (myg)	800	1200	1200	1200	1200	1200	1200
Biotin (myg)	2,00-4,00	2,00-4,00	2,00-4,00	2,00-4,00	2,00-4,00	2,00-4,00	2,00-4,00
Folsäure (myg)	20	20	20	20	20	20	20

Imitation eines Beutetieres

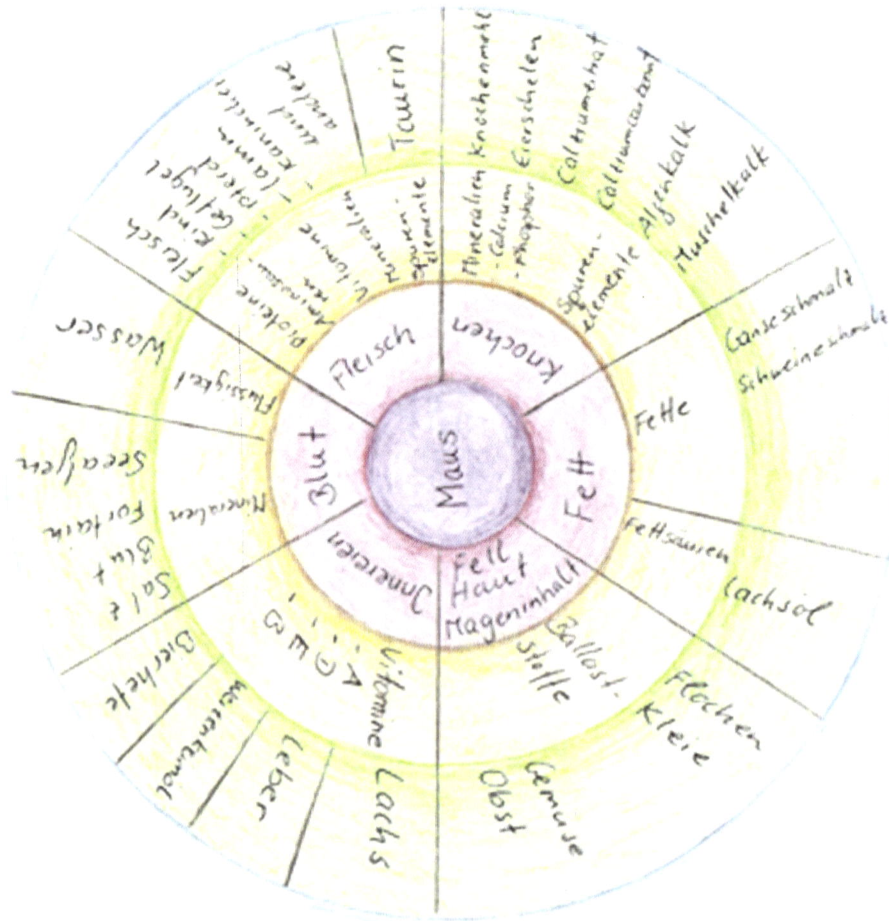

Die Bestandteile der Rohfütterung mit Natural Cat Food

Die Bestandteile der Rohfütterung der Katze mit Natural Cat Food sind vor allem Fleisch und Ergänzungsfuttermittel.
Fleisch ist der wichtigste Bestandteil der Rohernährung. Es wird in der Fütterung mit all den Ergänzungsfuttermitteln kombiniert, die es ermöglichen, die natürliche Nahrung der Katze in der Natur zu imitieren. Der wichtigste Unterschied von Natural Cat Foot zu anderen Fütterungsmodellen ist der, dass die Nahrung so natürlich wie möglich gehalten wird und weitestgehend auf künstliche Vitamine und Mineralstoffe verzichtet wird, wie sie oft bei Fertigfutter zu finden sind.

Deshalb ist es notwendig, genau zu wissen WAS die Katze benötigt und WIE man die entsprechenden Nährstoffe zuführen kann.

In den folgenden Kapiteln behandele ich nachfolgende Futtermittel:

Fleisch
Ballaststoffe
Ergänzungsfuttermittel

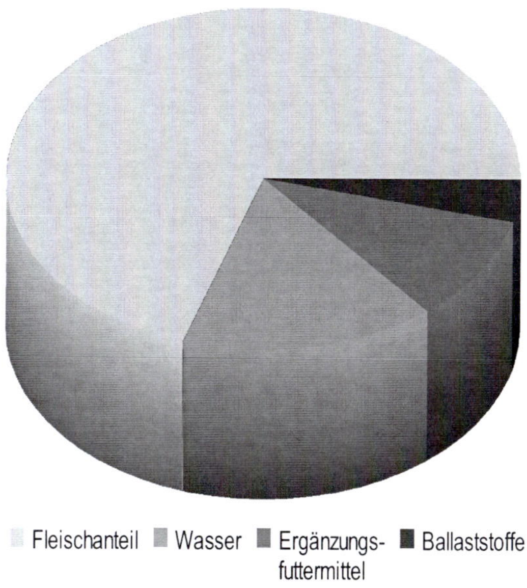

FLEISCH

Die Rohfütterung setzt sich aus mehreren Bestandteilen zusammen. Allen voran das Fleisch, welches mit den entsprechenden Ergänzungsfuttermitteln abgerundet wird.
Als wichtigste Zutat im Rohfutter für die Katze, sollte das Augenmerk besonders auf die Qualität der Fleischsorten gelegt werden. Vorteilhaft ist es, wenn die Katze an unterschiedliche Fleischsorten gewöhnt wird, um so eine Abwechslung im Futter zu schaffen.
Für die Verfütterung an die Katze kommen mehrere Fleischsorten in Frage. Obwohl die Katze in der Natur in der Regel kein Rindfleisch zu sich nehmen wird, ist es doch ein wertvolles Futter für die Katze, zudem es für den Katzenhalter besonders leicht erhältlich ist. Genauso verhält es sich mit Geflügel, obwohl dies eher in das Beuteschema der Katze passt (Vögel).
Auch andere Fleischsorten, die dem menschlichen Verzehr dienen, können auf dem Futterplan stehen wie z.B. Kaninchen, Hase, Huhn, Wachtel, Taube, Pute (Truthahn), Gans, Ente, Wild (Reh), Pferd, Lamm, Ziege, Känguru, Strauß, Fisch etc.
Zudem ist es möglich, über den Versandhandel kleine Futtertiere zu beziehen, die sonst für die Verfütterung an Schlangen vorgesehen sind. So z.B. Mäuse und Ratten sowie Eintagsküken, die den Speiseplan der Katze hin und wieder bereichern können.
Schweinefleisch (Wild- und Hausschwein) sollte in Deutschland nie roh an Katzen und Hunde verfüttert werden. Es könnte das Aujeszky-Virus enthalten (benannt nach dem ungarischen Tierarzt Aladar Aujeszky), das durch Aufnahme von ungekochtem Schweinefleisch, nach einer Inkubationszeit von 2-9 Tagen immer tödlich endet. Zwar ist Deutschland, laut EU, seit März 2003 angeblich Aujeszky-frei, da es sich aber um ein Virus handelt, das Menschen nichts anhaben kann, kann es vorkommen, dass nicht ausreichend kontrolliert wird. Dieses Risiko einzugehen ist demnach nicht empfehlenswert.
(Das muss jedoch jeder Katzenhalter für sich und seine Katze selbst entscheiden.)
Anzeichen einer Aujeszky-Infektion sind Juckreiz, Lähmung, Schluckbeschwerden sowie Störungen im zentralen- und peripheren Nervensystem. Für Menschen ist dieses Virus ungefährlich, die Symptome fallen sehr mild aus und äußern sich in Juckreiz und Schwäche der Gliedmaßen.

Welches Fleisch eignet sich zur Katzenfütterung?

Das Fleisch, welches die Katze erhalten sollte, kann neben dem Fleisch aus dem Supermarkt oder der Metzgerei auch aus sogenannten Schlachtabfällen bestehen, was aber nicht als negativ zu bewerten ist. Alle Tiere, die geschlachtet werden, werden vorher einer Fleischbeschau unterzogen. Nur einwandfreies Fleisch geht in den Verkauf. Fleisch, das nicht den optischen Anforderungen entspricht und deshalb nicht über die Ladentheke gehen kann, wird meist günstig als Katzen- oder Hundefutter angeboten. Fleischabschnitte, die zu durchwachsen sind um sie als Gulasch anzubieten oder Fleischstücke, die nicht so schön gewachsen sind wie gewünscht, landen so in der Futterschüssel. Das Fleisch, das die Katze erhält, stammt also von denselben Tieren, die auch für den menschlichen Verzehr zugelassen sind.

Folgende Fleischsorten kann die Katze von den einzelnen Futtertieren erhalten

Vom Geflügel:
Ganze Hühner, Puten, Gänse, Enten, Wachteln oder Küken, Herz, (Hühner-) Mägen, Innereien, (Hühner-) Hälse, Rücken, Karkassen, (Hähnchen-) Schenkel, (Hühner-) Flügel, (Puten-) Unterkeule.
Geflügelfleisch ist z.B. reich an essentiellen Fettsäuren, und zählt zu den leichtverdaulichen Fleischsorten für die Katze. Mit der Haut verfüttert ist es fetthaltig, ohne Haut eher mager.

Vom Rind:
Muskelfleisch, Kopffleisch, Backenfleisch, Maulfleisch, Lefzen, Herz, Leber, Niere, Pansen, Blättermagen (wenn die Katze es mag), Saumfleisch, Stichfleisch, Kronfleisch und andere Fleischabschnitte.
Rindfleisch enthält viel Zink und nur wenige essentielle Fettsäuren und ist eher als mager einzustufen.

Vom Lamm:
Vom Lamm oder Schaf können dieselben Fleischstücke und Innereien wie sie schon beim Rind aufgezählt wurden verfüttert werden. Allerdings sollte davon Abstand genommen werden, den Magen und die Därme zu füttern. Schafe zählen zu den größten Parasitenträgern und dienen häufig als Zwischenwirt. So kann es bei Schafen oder Lämmern, die z.B. mit dem Bandwurm befallen sind, zu einer Übertragung auf die Katze kommen.
Lammfleisch ist fettes Fleisch und enthält wenig Proteine.

Vom Pferd:
Vom Pferd kommen für die Katze besonders das Muskelfleisch und die Fleischabschnitte in Frage. Von den Innereien des Pferdes sollte Abstand genommen werden, da diese mit Schwermetallen belastet sein können.
Pferdefleisch ist besonders geeignet zur Fütterung bei Nahrungsmittelallergien.

Vom Kaninchen/Hasen:
Außer den Gedärmen gibt es keinen Teil des Kaninchens, der für die Katze tabu ist. Kaninchen enthält viele essentielle Fettsäuren.

Vom Wild:
Fleisch (Muskelfleisch) vom Wild kann gut an die Katze verfüttert werden. Auf Fleisch vom Wildschwein sollte aus oben genannten Gründen Abstand genommen werden.
Wildfleisch ist besonders fett- und kalorienarm, leicht verdaulich und enthält viele Vitamine und Mineralstoffe.

Fisch:
Rohe Fische oder auch Fischfilet kann an die Katze verfüttert werden. Sorten wie Seelachsfilet, Alaska-Seelachs, Rotbarschfilet, Karpfen, Schleie, Sardinen oder Thunfisch aus der Dose (im eigenen Saft), Forellen, Makrelen, Kabeljau, Schellfisch, Hering, Aal usw. kommen für die Katze in Frage. Generell ist es so, dass Salzwasserfische den Süßwasserfischen vorzuziehen sind.
In Meerwasserfischen sind viel mehr der gesunden Omega 3 und Omega 6 Fettsäuren sowie Jod, Zink und Selen enthalten. Lachs dient als ausgezeichnetes Supplement für die Vitamin-A-Ergänzung.

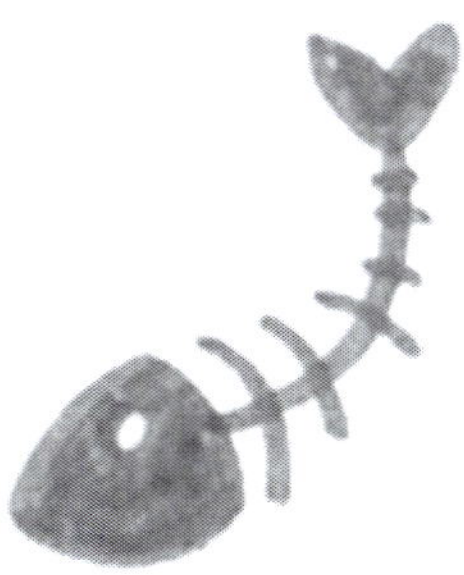

Knochenfütterung

Mit dem Fang eines Beutetieres in der Natur nimmt die Katze auch Knochen auf. Sie dienen vorrangig der wichtigen Versorgung mit Kalzium, versorgen die Katze aber auch mit anderen wichtigen Mineralien sowie Antioxidantien und wichtigen Enzymen.

Zusätzlich sind Knochen gut für das Gebiss, da sie die Zähne während des Kau- und Nagevorgangs reinigen und so Zahnstein vorbeugen. Sie sind auch gut für die Muskulatur der Katze, da sie ihren gesamten Körper während des Kauvorganges anstrengen muss. Das tut der Katze gut, sie wird ausgeglichener und glücklicher, da sie ihre natürlichen Instinkte ausleben kann.
Knochen liefern der Katze zusätzlich Energie, da sie Fette und Proteine enthalten.

Bei sehr harten und großen Knochen ist jedoch Vorsicht geboten. Katzen können sich verletzen oder ihren Zahnschmelz beschädigen. Weiche, kleine Knochen können von der Katze vollständig verdaut werden.

Da die Knochen der natürlichen Beutetiere der Katze sehr klein sind, fällt es schwer, außerhalb der Fütterung mit ganzen Tieren (Mäuse, Küken) Knochen dieser Größe an die Katze zu verfüttern. So kommen als ganze Knochen nur

eine kleine Reihe möglicher Knochen in Frage.
Um der Katze die Möglichkeit des Kauens zu geben und zusätzlich für eine Versorgung mit Kalzium zu sorgen, können vor allem Hähnchenflügel und Hähnchenhälse verfüttert werden. Diese sind gerade so groß, dass sie eine Katze gefahrlos verspeisen kann. Diese Knochenteile sind meist noch mit viel wohlschmeckendem Fleisch überzogen, so dass sie den idealen Snack für die Katze bieten. Wem die Fütterung von ganzen Knochen zu heikel erscheint, der kann Hähnchenhälse und Hähnchenflügel auch in den Fleischwolf geben und in gewolfter Form verfüttern. Auch ganze Wachteln können an die Katze verfüttert werden

Alle Knochen müssen grundsätzlich roh verfüttert werden, da es bei gekochten, gebackenen, gegrillten oder gebratenen Knochen zu Splitterungen kommen kann. Diese Splitter können die Katze leicht verletzen. Durch den Vorgang des Erhitzens/Garens trocknen Knochen aus, sie werden spröde und verlieren ihre Elastizität. Das Collagen, welches in den Knochen vorhanden ist, wird beim Erhitzen zerstört und in Gelatine umgewandelt. Dadurch ist der Knochen nicht mehr so stabil und kann in kleine Stücke zersplittern.

Knochen gelten immer noch als gefährlich. Es wird hierbei selten zwischen rohen und erhitzten, harten und weichen Knochen unterschieden. Oft hört man, dass keine Knochen an Katzen und Hunde verfüttert werden dürfen. Das stimmt nicht. Rohe Knochen werden in der Regel gut vertragen. Wer dennoch Angst hat, bestimmte Knochen zu verfüttern, sollte diese auch meiden. Was nützt es, wenn man mit Angstschweiß auf der Stirn neben dem Futternapf sitzt.
Probleme, die mit der Knochenfütterung auftreten können, sind vor allem harter Stuhlgang (sogenannter Knochenkot) sowie Verstopfung. In diesem Fall war die Menge der gefütterten Knochen zu hoch für die Katze.
Selten kann sich auch ein kleiner Knochen zum Beispiel des Hähnchenflügels im Gebiss der Katze verkeilen. Der Katzenhalter kann die kleine Raubkatze schnell aus dieser misslichen Lage befreien und die Knochen mit den Fingern aus dem kleinen Maul entfernen.

Besteht ein Drittel des Futters aus ganzen oder gewolften Knochen mit Fleisch (Hälse, Flügel), muss kein Kalzium zusätzlich verfüttert werden.
Da in diesen Rezepten der Kalzium/Phosphor-Wert recht hoch ist, empfehle ich nur ca. jedes dritte Rezept (bei Kitten kann es auch jedes zweite sein) mit Knochen zuzubereiten und in den anderen Rezepten auf andere Kalziumergänzungsmittel zurückzugreifen.

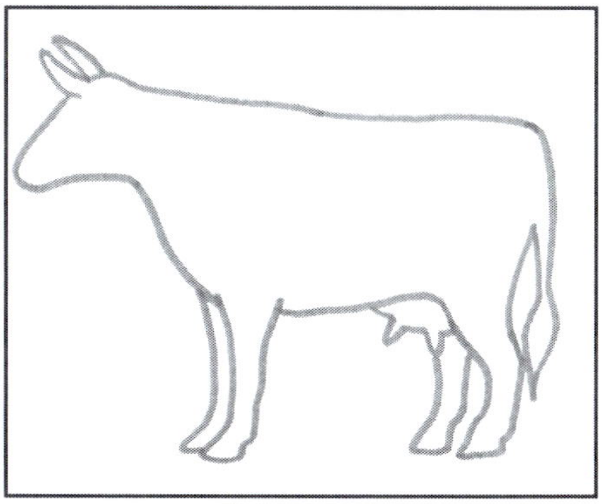

FLEISCHSORTEN: RIND

Muskelfleisch

Nicht nur Gulasch, Filet und andere edle Stücke des Rindes zählen zum Muskelfleisch. Auch Kopffleisch, Backenfleisch, Maulfleisch, Zwerchfell (auch Kronfleisch oder Saumfleisch genannt, je nach Region), Stichfleisch, Zunge, das Fleisch an den Beinscheiben und andere Fleischabschnitte oder nicht so perfekt gewachsene Fleischstücke gehören zum Muskelfleisch. Als eine Besonderheit sei hier das Herz genannt, denn es zählt nicht, wie vermutet werden könnte, zu den Innereien, sondern zum Muskelfleisch. Das Herz ist ein großer Muskel, der dafür zuständig ist, das Blut durch den Kreislauf zu pumpen, das erklärt seine Zuordnung zum Muskelfleisch.

Folgende Fleischteile werden eher für den menschlichen Verzehr angeboten. Sie erhalten sie in Metzgereien und an Fleischtheken im Supermarkt.

Gulasch: Ist reines, schieres Muskelfleisch von roter Färbung, daher auch oft als rotes Fleisch bezeichnet. Es besteht aus feinen Muskelfasern und kann, je nachdem von welchem Teil des Rindes es stammt, mehr oder weniger fettig sein. So ist Fleisch vom Nacken des Rindes eher fettig, aus der Querrippe ist es mäßiger durchwachsen.

Filet: Ist sehr feines Fleisch. Es liegt beim Rind unter dem Rücken, wo die Muskulatur nur schwach ausgebildet ist. Aus Filet werden die klassischen Steaks geschnitten.

Schulter: Wird auch als Bug bezeichnet. Es handelt sich hierbei um ein schönes, kurzfaseriges Stück Fleisch.

Roastbeef: Als Roastbeef wird der Teil des Rinderrückens bezeichnet. Es besitzt eine feine Fleischfaser.

Hüfte: Ist ein Fleisch mit einer lockeren Faserstruktur, von feinen Fettäderchen durchzogen.

Unterschale und Oberschale: Die Unterschale und Oberschale des Rindes stellen bestes, magerstes Muskelfleisch dar.

Kugel oder Blume: Ein besonders zartes Stück Fleisch, oberhalb der Keule gelegen.

Brustspitze: Die Brustspitze des Rindes ist ein großes Stück Fleisch (oft am Knochen), das mit einem größeren Fettanteil angeboten wird.

Brustkern: Der Brustkern ist noch durchwachsener als die Brustspitze und weist eine feste Fleischfaserung auf.

Folgende Fleischteile eignen sich auch als Fleisch für die Katzenmahlzeit. Sie erhalten sie beim Schlachter, Schlachthof oder beim Futterfleischhändler (z.B. im Internet).

Kopffleisch: Das Kopffleisch ist in vielen Regionen immer noch Risikomaterial und darf nicht in jedem Schlachthof verwertet werden. Seit der BSE-Krise (Bovine spongiforme Enzephalopathie) hat man Angst, das Fleisch vom Kopf des Rindes könnte in Kontakt mit dem Rückenmark oder dem Gehirn kommen. Es werden daher strenge Sicherheitsvorkehrungen getroffen, um eine Kontamination zu verhindern. Die Auflagen sind von Region zu Region unterschiedlich. Angst vor BSE braucht man allerdings keine zu haben, will man das Kopffleisch verfüttern, denn Muskelfleisch vom Rind gilt als erregerfrei. Kopffleisch ist gutes Fleisch für die Katze. Es wird gerne gefressen und ist sehr nahrhaft.
Dieses Fleisch teilt sich auf in Backenfleisch (ein dunkelrot gefärbtes Fleisch) sowie Maulfleisch (Lefzen), welches eine Textur besitzt, die wie genoppt bzw. gepickelt aussieht.

Stichfleisch: Stichfleisch ist Fleisch vom Hals des Rindes. Es stammt von der Stelle, wo das Rind nach dem Bolzenschuss, zum Ausbluten gestochen wurde. Stichfleisch ist nicht sehr fettig und eignet sich sehr gut als Katzenfutter. Meist ist es sehr blutig, wenn man es frisch vom Metzger oder aus dem Schlachthof bekommt.

Zwerchfell: Das Zwerchfell des Rindes, das je nach Region als Kronfleisch oder als Saumfleisch bezeichnet wird, ist ebenfalls ein vortreffliches Futterfleisch. Das Zwerchfell ist von einer silbrigen Haut überzogen, die mitverfüttert werden kann.

Zunge: Zunge ist je nach Einkaufsmöglichkeit sehr teuer, da sie als Delikatesse gilt. Sie lässt sich in rohem Zustand oftmals recht schwer zerschneiden und hat eine raue, pickelige Oberfläche.

Herz: Der Herzmuskel bietet leckeres und vor allem sehr gesundes Fleisch für die Katze, da es besonders viel Taurin enthält. Daher kann an die Katze ruhig mehr Herz verfüttert werden als an den Hund. Es ist unter Umständen äußerlich fettig, der Muskel selbst jedoch hat eine schöne dunkelrote Färbung, lässt sich leicht zerschneiden und ist sehr feinfaserig. Möglicherweise können sich härtere Teilstücke am Herz befinden, die sich nur schlecht zerschneiden lassen.

Muskelfleisch einmal anders: Erhältlich ist Muskelfleisch von Rind auch als Hackfleisch. Es wird auch als „Faschiertes“ bezeichnet. Hackfleisch hat meist einen Fettgehalt von nicht mehr als 20%. Tatar, welches auch den Namen Scha-

befleisch trägt und mancherorts als Beefsteakhack bezeichnet wird, weist meist einen Fettgehalt von nicht mehr als 6% auf. Frisches, gehacktes, durch den Wolf gedrehtes Fleisch hat eine kürzere Haltbarkeit als Fleisch am Stück. Dies sollte unbedingt beim Kauf von Hackfleisch beachtet werden.
In Futterläden für Katzen und Hunde wird oftmals der Service angeboten, das gekaufte Fleisch (oft vor den Augen des Kunden) durch den Wolf laufen zu lassen. Diese Fleischwölfe sind meist gröber, als wir das von unserem Hackfleisch von der Fleischtheke kennen. Gewolftes Fleisch zu kaufen ist eine gute Möglichkeit, besonders für mäkelige Katzen, die kein Fleisch in groben Stücken zu sich nehmen wollen, oder wenn man selbst nicht die nötige Zeit hat, das Fleisch in katzengerechte Stücke zu zerteilen.

Innereien: Auch Innereien können an die Katze verfüttert werden. Da es sich hierbei allerdings zum größten Teil um Ausscheidungsorgane handelt nur in geringen Mengen, die die Katze mit Vitaminen und anderen Nährstoffen versorgen.

Zu den Innereien zählen:

Leber: Die Leber des Rindes ist ein großes, dunkelrotfarbiges Organ. Sie lässt sich sehr leicht und einfach mit einem Messer zerteilen. Rinderleber hat eine eher glibberige Erscheinungsform. Ihre Oberflächenhaut schimmert bläulich-weiß. Leber ist sehr vitaminreich, sollte aber, da es sich um ein Entgiftungsorgan handelt, nicht übermäßig oft gefüttert werden.
Auch darf die Leber nicht in großen Mengen verfüttert werden, da sie abführend wirkt und es darüber hinaus zu einer Vitamin-A-Vergiftung kommen kann.
Fütterungsempfehlung: 30-50 g auf 1 kg Fleisch.

Nieren: Die Nieren des Rindes lassen sich in ihrer Form am ehesten mit der einer Weintraube vergleichen. Da es sich bei den Nieren (wie bei der Leber) um ein Ausscheidungs- und Entgiftungsorgan handelt, sollte ihre Verfütterung an die Katze auch nur sparsam geschehen.
Riechen die Nieren sehr streng, ist es hilfreich, sie vorher eine Zeit lang zu wässern. Das kann in einem Gemisch aus mit Wasser verdünnter Buttermilch geschehen oder auch in klarem Wasser.
Fütterungsempfehlung:
Hin und wieder ca. 50-100 g auf 1 kg Fleisch.

Lunge: Die Rinderlunge hat keinen sehr großen Nährwert und wenig Kalorien.
Sie füllt den Magen, setzt aber nicht an. Lunge ist sehr protein- und eisenreich und enthält wenig Fett. Bekommen Katzen allerdings zu viel Lunge, kann es zu Blähungen kommen.

Fütterungsempfehlung:
Hin und wieder ca. 50-100 g auf 1 kg Fleisch.

Pansen und Blättermagen: Wenn die Katze es mag, kann auch Pansen und Blättermagen verfüttert werden. Die Mägen der Kuh können der Katze gewolft oder in größeren Stücken serviert werden.
Der Pansen wird als grüner oder weißer Pansen angeboten, wobei der weiße Pansen als gänzlich unbrauchbar zu bewerten ist und der Katze nicht angeboten werden sollte. Weißer Pansen ist gewaschen, chemisch behandelt oder gekocht und enthält kaum mehr wichtige Nährstoffe. Der einzig für die Verfütterung richtige Pansen ist der grüne Pansen. Er ist nicht behandelt, evtl. nur kurz durchgespült.
Fütterungsempfehlung:
Hin und wieder ca. 50-100 g auf 1 kg Fleisch.

Alle Fleischsorten vom Rind, ob Innerei oder Muskelfleisch, können der Katze sowohl gewolft als auch geschnitten angeboten werden. Es ist zwar natürlicher, das Fleisch mit dem Messer in katzengerechte Stücke zu zerschneiden, da so auch der Kauapparat und die Zähne gefordert werden, die meisten Katzen bevorzugen allerdings die gewolfte Kost.

Knorpel: Die knorpeligen Teile des Rindes wie Schlund, Kehlkopf und Stross lassen sich von der Katze nur in fein gewolfter Form verzehren. Sie enthalten zwar Kalzium, ersetzen aber nicht die Fütterung von Knochen oder die ergänzende Beigabe von Zusätzen zur Kalziumversorgung.

Knochen: Knochen vom Rind eignen sich nicht für die Verfütterung an die Katze, da sie zu groß und zu hart sind.

Blut: Das Blut des Rindes (und auch das anderer Tiere) sollte, soweit es erhältlich ist, öfter an die Katze verfüttert werden. Blut ist eine ausgezeichnete Salz- und Eisenquelle. Getrocknetes Rinderblut ist als Fortain erhältlich. Frisches Blut muss gerührt werden, sonst wird es fest. In kleinen Eiswürfelbereitern kann es eingefroren und hin und wieder verfüttert werden. Wird Blut verfüttert, kann auf die zusätzliche Gabe von Salz verzichtet werden.

FLEISCHSORTEN: GEFLÜGEL

Geflügel, meistens Huhn, ist in Deutschland ebenfalls sehr gut erhältlich und außerdem erschwinglich. Zudem wird es von der Katze geschmacklich dem Rindfleisch vorgezogen.
Neben dem Huhn kommen noch eine Reihe anderer Geflügelarten für die Rohfütterung der Katze in Betracht. Dies ist letztendlich eine Frage der Bezugsmöglichkeiten für das Katzenfutter. So können auch Enten, Gänse, Tauben, Wachteln und Puten verfüttert werden.

Fleisch vom Geflügel kann klein geschnitten oder der Katze gewolft angeboten werden.
Auch Flügel und Hälse können durch den Wolf gelassen werden. Die Knochen werden so in der Regel gerne angenommen und sorgen für eine Versorgung mit Kalzium.

Salmonellen sind besonders dann ein Thema, wenn es um das Verfüttern von Geflügel geht. Dabei können sie jedes Lebensmittel befallen.
Salmonellen stellen für den Menschen ein großes Problem dar, weniger für die Katze, deren Verdauungstrakt selbst Salmonellen in geringem Maße enthält, die einem gesunden Tier aber in keinster Weise Schaden zufügen.
Zudem durchläuft die Nahrung der Katze sehr rasch deren kurzen Magen-Darm-Trakt, was einen großen Vorteil darstellt. So werden die Erreger schnell wieder ausgeschieden. (Nachzulesen im Kapitel Anatomie und Physiologie des Verdauungstraktes.)
Hat die Katze allerdings ein schwaches Immunsystem und nehmen Salmonellen im Verdauungstrakt überhand, so können sie zu einer Erkrankung führen.
Siehe dazu im Kapitel über Krankheitserreger im rohen Fleisch.

Auch das generelle Verfüttern von Geflügelknochen wird häufig diskutiert. Immer noch sitzt in vielen Köpfen die Angst vor splitternden Knochen. Ja, Knochen von Geflügel können splittern, besonders wenn die Knochen nicht roh, sondern gekocht, gebraten, oder gebacken wurden.
Deshalb bitte NIEMALS Knochen füttern, die vorher in irgendeiner Form erhitzt wurden.

Folgende Teile vom Geflügel dürfen verfüttert werden:

Muskelfleisch: Hühnerbrust oder Hähnchenbrust, Putenbrust, Entenbrust oder anderes Fleisch, das von den Knochen am Rücken der Tiere, an den Schenkeln oder Flügeln gelöst wurde und ohne Knochen der Katze angeboten wird, eignet sich zur Rohfütterung. Auch Putenabschnitte können verfüttert werden. Die Herzen und Mägen des Geflügels zählen ebenfalls zum Muskelfleisch.

Fleischknochen: Zu den Fleischknochen des Geflügels zählen zum Beispiel Flügel und Hälse. Sie können bei kleineren Futtertieren der Katze mit Haut und Knochen angeboten oder gewolft werden und können so auch mal als „Snack" für zwischendurch verfüttert werden. (ca. 2x/Woche ein Flügel oder ½ Hals zusätzlich zum normalen Futter.)
Hühnerhälse und Flügel sind ausgezeichnete Kalziumquellen. Sie neigen nicht zum Splittern und sind mit viel Fleisch umwachsen. Es empfiehlt sich daher, der Katze des Öfteren Hälse anzubieten.

Innereien: Im Prinzip können alle Innereien des Geflügels verfüttert werden, wie Nieren, Leber, Lunge, Magen und Herz. Wobei das Herz hier wieder dem Muskelfleisch zugeordnet wird und auch die Mägen des Geflügels zum Muskelfleisch zählen.
Mägen und Herzen des Geflügels sind hervorragend für die Katzenfütterung geeignet, Leber dient der Vitamin-A-Versorgung der Katze (30-50 g auf 1 kg Fleisch).

Fett: Die Haut des Geflügels kann gut mitverfüttert werden. Katzen lieben und benötigen Fett. Ist das Fleisch ausreichend fetthaltig, muss kein zusätzliches Fett verfüttert werden.

Beim Einkauf von Geflügel sollte auch auf die Herkunft geachtet werden. Es empfiehlt sich, nur Fleisch von deutschen Geflügelzüchtern zu kaufen. Geflügel aus Deutschland wird in der Regel mit DDD gekennzeichnet. Das bedeutet, dass das Geflügel in Deutschland geboren, in Deutschland aufgezogen und in Deutschland geschlachtet wurde.
Hat man die Möglichkeit, Geflügel in Bioqualität zu bekommen, sollte diesem Geflügel grundsätzlich der Vorrang gegeben werden.
Von Vorteil ist es auch, wenn man das Geflügel, welches der Katzenfütterung dienen soll, direkt beim Geflügelbauern kaufen kann. Hier weiß man, woher das Fleisch kommt, wie die Tiere gehalten werden, was sie zu fressen bekommen und letztendlich unterstützt man kleinere regionale Betriebe.

FLEISCHSORTEN: LAMM

Lamm oder Schaffleisch kann sehr gut an die Katze verfüttert werden. Lämmer und Schafe werden auch heute noch sehr artgerecht gehalten. Da es nicht möglich ist, Schafe in Massentierhaltung zu halten, kommt Schaffleisch meist aus artgerechter Haltung.
Da Schafe als Parasitenträger gelten, sollte der Verdauungstrakt der Tiere nie verfüttert werden. Schafe sind (Zwischen-) Wirte für viele Magen-Darm-Parasiten, besonders Bandwürmer. Durch die Aufnahme des Magen-Darm-Traktes des Schafes kann die Katze ebenfalls vom Bandwurm befallen werden. Die übrigen Teile des Lammes/des Schafes sind allerdings völlig unbedenklich.
Lammfleisch wird gerne bei Katzen empfohlen, die zu Futtermittelallergien neigen. (Mehr dazu ist im Kapitel über Futtermittelallergien zu lesen.)
Besonders häufig reagieren Katzen allergisch auf Rind- oder Schweinefleisch (im Katzenfutter), daher wird als Allergiekost oftmals das Lammfleisch genannt. Da man davon ausgeht, dass die Katze bis dahin noch nicht mit Fleisch vom Lamm im Futter in Kontakt gekommen ist, erhält sie Lammfleisch, um zu testen, auf welche Futterbestandteile sie allergisch reagiert. In der heutigen Zeit, in der bereits eine Reihe Fertigfuttermittel mit Lammfleisch auf dem Markt sind, empfiehlt es sich, als Allergiekost eher Pferdefleisch zu wählen.

Folgendes vom Lamm kann an die Katze verfüttert werden:

Muskelfleisch: Reines Muskelfleisch vom Lamm eignet sich vortrefflich als Futter für die Katze und kann sowohl gewolft als auch in größeren Stücken verfüttert werden.
Auch Fleischabschnitte kann das Futter der Katze beinhalten. Fleischabschnitte sind, wie auch beim Rind, meist die Reststücke, die für den menschlichen Verzehr keine Verwendung finden. Nur weil diese „Abfälle" in der Regel nicht so schön aussehen, sind sie dennoch ein hervorragendes Futter für die Katze. Als Muskelfleisch gelten auch hier alle im Kapitel Rindfleisch genannten Teile.
Auch beim Lamm zählt das Herz zum Muskelfleisch.

Innereien: Innereien vom Lamm können, wie die Innereien des Rindes, an die Katze in kleinen Mengen verfüttert werden. Lediglich der Verdauungstrakt der Tiere ist, aus den oben genannten Gründen, zu meiden. So können Lunge, Leber, Nieren und Milz in die Fütterung mit einbezogen werden. Auch hier dient die Leber wieder als Vitamin-A-Lieferant (30-50 g auf 1 kg Fleisch).

FLEISCHSORTEN: ZIEGE

Auch Ziegen können als Futter für die Katze dienen. Da ihr Fleisch allerdings hierzulande sehr selten gegessen wird, ist es auch auf dem Speiseplan der Katze selten bis gar nicht zu finden. Sollte man allerdings dennoch die Möglichkeit haben, Ziegenfleisch bekommen, können in der Regel alle Teile des Tieres wie beim Lamm/Schaf genannt als Katzenfutter in Betracht gezogen werden. Wie beim Schaf bereits erwähnt, ist das Verfüttern des Magen-Darm-Traktes zu vermeiden. Ziegen dienen, ebenso wie Schafe, dem Bandwurm als Wirt.

FLEISCHSORTEN: PFERD

In Deutschland wird relativ wenig Pferdefleisch gegessen. Verglichen mit Frankreich, Luxemburg oder Belgien, wo der Pro-Kopf-Verbrauch von Pferdfleisch mehrere Kilogramm beträgt, beläuft er sich hierzulande auf gerade mal 100 g pro Person.
Dennoch gibt es Schlachtbetriebe, die sich auf die Schlachtung von Pferden spezialisiert haben. Allerdings werden Pferde in der Regel nicht zum Schlachten gezüchtet, sondern kommen meist durch Unfälle, Untauglichkeit für den Sport oder unheilbare, chronische Krankheiten wie Allergien, in die Schlachtbetriebe. Auch Fohlen, die den Ansprüchen der Züchter nicht genügen, werden oftmals geschlachtet.

Gerade bei Pferden stehen immer wieder die Belastungen des Fleisches zur Diskussion.
Nicht umsonst sind in vielen Regionen die Innereien des Pferdes für den menschlichen Verzehr nicht zugelassen.
Besonders die erhöhte Belastung der Pferde mit Kadmium wird bemängelt. Bei Kadmium handelt es sich um ein Schwermetall, das in Böden und in Gewässern vorkommt. Man nimmt an, dass durch die längere Lebenszeit des Pferdes, vermehrt Kadmium nicht nur in den Organen, sondern auch im Muskelfleisch eingelagert wird. Bei den Innereien des Pferdes sollen die Kadmiumwerte so hoch liegen, dass ein Verzehr dieser Teile für Menschen verboten wurde.

Da Pferde in der Regel intensiver behandelt werden als z.B. Kühe oder Schafe, befürchten viele auch Rückstände von Medikamenten im Fleisch. Allerdings muss seit dem 01.07.2000 jedes deutsche Pferd einen Pass besitzen, in dem das entsprechende Pferd als Schlachtpferd oder Nichtschlachtpferd eingetragen wird. Ist es als Schlachtpferd eingetragen, darf es nur mit entsprechenden Medikamenten behandelt werden, die für Schlachtpferde zugelassen sind. Wird das Pferd als Nichtschlachtpferd deklariert, so ist dieser Eintrag nicht mehr rückgängig zu machen, er gilt lebenslang für dieses Pferd. Das Fleisch dieser Pferde wird also nicht in die Fleischtheken gelangen. (Sondern in Fertigfuttermitteln für Hunde und Katzen.)

Generell stellt Pferdefleisch jedoch ein sehr gutes Futterfleisch für die Katze dar. Es ist eiweißreich, fettarm, aber ein wenig teurer als Rindfleisch.
Wie beim Rind bietet es sich an, vom Pferd Muskelfleisch als sogenannte Fleischabschnitte, auch als Verarbeitungsfleisch oder Fleischreste bezeichnet, zu kaufen.

Gerade bei Nahrungsmittelallergien wird oft und gerne auf Pferdefleisch verwiesen. Da Pferdefleisch in der Regel selten in herkömmlichem Katzenfutter zu finden ist, ist die Wahrscheinlichkeit sehr groß, dass der Organismus der Katze noch nicht damit in Kontakt gekommen ist. So wird der Katze ein paar Wochen lang ausschließlich Pferdefleisch gefüttert, um dann herauszufinden, auf welche Bestandteile der Nahrung sie allergisch reagiert. (Mehr dazu in dem Kapitel über die Ausschlussdiät.)
Die Verträglichkeit von Pferdefleisch ist sehr gut, es wird auch als hypoallergen bezeichnet.
Einige Empfehlungen gehen dahin, gesunden Katzen kein Pferdefleisch zu verfüttern, da es sonst bei einer eventuell später auftretenden Futtermittelallergie nicht mehr als Diätfutter zur Verfügung steht.

Muskelfleisch: Gefüttert werden können im Prinzip die gleichen Teile wie beim Rind.

Innereien: Da die Innereien des Pferdes für den menschlichen Verzehr nicht zugelassen sind, sollte man auch davon Abstand nehmen, diese an die Katze zu verfüttern. Es sollten, wenn möglich, immer nur Dinge in den Futternapf der Katze gelangen, die auch dem Verzehr durch den Menschen dienen könnten.

FLEISCHSORTEN: KANINCHEN

Hasen und Kaninchen eignen sich hervorragend als Futter für die Katze. Junge Kaninchen dienen der Katze auch in der Natur als Beute und sind sehr gut verdaulich. Kaninchenfleisch ist sehr fettarm und eisenhaltig. Alle Teile (ausgenommen der Verdauungstrakt und die Knochen) können an die Katze verfüttert werden.

FLEISCHSORTEN: WILD

Als Wild gelten alle frei in der Natur lebenden Tierarten, die bei der Jagd erbeutet werden und für den menschlichen Verzehr geeignet sind. Wild wird aber auch zunehmend eigens für den Verzehr gezüchtet und in Freigehegen gehalten.

Wenn ich hier von Wild spreche, meine ich die Cerviden (Geweihträger) unter den Wildarten, da von einer Verfütterung von Schweinefleisch, auch Wildschwein, (noch) abzuraten ist. Wildschweinpopulationen in Deutschland können vom Aujeszky-Virus befallen sein.

Zu dem Wild, das für den Verzehr durch die Katze in Frage kommt, zählt: Damwild, Rehwild, sowie Rotwild (Hirsche).

Wild ist in seiner Art ähnlich dem Lamm. Wie beim Lamm ist der Verdauungstrakt aus Gründen der Parasitenübertragung zu meiden.

Wildfleisch stellt vorzügliches Fleisch dar, da es in der Regel ohne Hormone oder gar Medikamentenrückstände ist. Es unterliegt, wie jedes andere Fleisch, ebenfalls der Fleischbeschau. Wildfleisch muss also, ebenso wie das der Haustiere, einer amtlichen Untersuchung unterzogen werden.
Verglichen mit der Massentierhaltung ist Wildfleisch relativ teuer, aber von besonders guter Qualität.

FLEISCHSORTEN: FISCH

Von Zeit zu Zeit darf die Fleischmahlzeit der Katze durch rohen Fisch ersetzt werden. Fisch ist reich an Vitamin A, D, B2, B6, B12, Jod und Selen, Phosphor (daher für Kalzium-Ausgleich sorgen), Eisen, Kalium und Magnesium sowie an essentiellen Fettsäuren. Besonders interessant macht den Fisch sein hoher Gehalt an Omega 3- und Omega 6-Fettsäuren.
Fischfilets oder auch kleinere Fische können im Ganzen oder aber gewolft an die Katze verfüttert werden. Auch Fisch aus der Dose, wie Thunfisch (im eigenen Saft), kann ab und zu verfüttert werden. Hierbei ist allerdings zu bedenken, dass der Fisch in der Dose gekocht ist und nicht mit rohem, naturbelassenem Fisch vergleichbar ist. Möchte man dennoch Dosenfisch füttern, sollte dies wirklich selten geschehen.
Vor allem der hierzulande sehr beliebte Thunfisch ist durch Raubbau im Fischfang stark gefährdet.

Fisch lässt sich in zwei große Kategorien einteilen. In Süßwasser- und Salzwasserfische.

Zu den Salzwasserfischen gehören: Kabeljau, Seelachs, Schellfisch, Scholle, Heilbutt, Hering, Rotbarsch, Makrele, Sardinen, Thunfisch, Seezunge usw.
Alle angebotenen Seefische können problemlos verfüttert, lediglich der Pazifik-Lachs sollte gemieden werden. Pazifik-Lachs kann Parasiten (Rickettsien) in sich tragen, die für die Katze gefährlich sind, sich aber durch siebenwöchiges Einfrieren unschädlich machen lassen.
Besonders Rotbarsch(-filet), Hering, Seelachs(-filet) und Thunfischsteaks sind oftmals günstig tiefgefroren im Supermarkt erhältlich. Auch ganze Sardinen oder noch besser Sardellen eignen sich zur Katzenfütterung. Meist werden sie ungeschuppt und unausgenommen angeboten, was den ausgenommen Fischen vorzuziehen ist.

Zu den Süßwasserfischen zählen: Aal, Äsche, Forelle, Lachs, Karpfen, Hecht, Schleie, Wels, Zander, Renke, Brasse usw.
Hier gibt es keinerlei Ausnahmen, die in der Verfütterung gemacht werden sollten. Alle Fische, die auch dem menschlichen Verzehr dienen, können an die Katze verfüttert werden.
Süßwasserfische haben einen geringeren Jodgehalt als Meerwasserfische.
Zudem enthalten Süßwasserfische, im Vergleich zu den Meerwasserfischen (besonders Karpfen, von den Seefischen sind es besonders der Hering und die Makrele), meist größere Mengen des Enzyms Thiaminase, das als Vitamin-B1-Killer bekannt ist. Thiaminase baut im Körper das Vitamin B1 (Thiamin) ab, wodurch es zu Mangelerscheinungen kommen kann. Allerdings kommt Vitamin B1 in fast allen Nahrungsmitteln vor, so dass man in der Regel keinen Mangel bei der Katze befürchten muss.
Da Fisch nur einen winzigen Bestandteil der Nahrung der Katze ausmacht, besteht kein Grund zu Sorge. Wer dennoch Thiaminmangel befürchtet, kann durch Kochen die Thiaminase unschädlich machen, zerstört damit allerdings auch Vitamine. Dazu den Fisch mit kochendem Wasser überbrühen und 3-5 Minuten auf dem Herd köcheln lassen.

Lachs wird in der Ernährung von Natural Cat Food besonders gerne für die Deckung des Bedarfs der Katze an Vitamin D verfüttert. Etwa 50 g im Monat reichen aus, um den Bedarf der Katze zu decken. Mehr dazu im Kapitel über Ergänzungsfuttermittel.

Eine weitere Leckerei aus dem Meer sind Garnelen und Krabben. Sie können ebenfalls roh an die Katze verfüttert werden. Auch Muscheln oder Tintenfischstücke können als Snack dienen.

FROSTTIERE/FUTTERTIERE

Hin und wieder kann das Futter der Katze mit Futtertieren ergänzt werden. Frisst die Katze die Eintagsküken oder die Futtermäuse nicht ganz, so können diese auch gewolft oder in kleineren Stücken angeboten werden. Um sie der Katze schmackhaft zu machen, reicht auch manchmal ein Anritzen der Maus oder des Kükens, damit es blutig ist und mehr nach Futter duftet.

Achtung:
Bitte kommen Sie nicht auf die Idee, Futtertiere noch lebend an die Katze zu verfüttern. Das Tierschutzgesetz verbietet dies. Es ist genau vorgeschrieben, wie Wirbeltiere (und dazu zählen die Futtertiere) getötet werden müssen. Darunter fallen Vergasen oder der Tod durch Genickbruch. Gejagt werden bedeutet Stress und unnötige Schmerzen für das Beutetier. Das liegt zwar in der Natur der Dinge, muss aber nicht extra provoziert werden bzw. ist sogar per Gesetz verboten.

Eintagsküken:
Eintagsküken sind vor allem aus dem Grund sehr gut geeignet, da sie für die Katze ein Beutetier mit „Haut und Haar" darstellen. Katzen können sie komplett fressen.
Eintagsküken besitzen einen Dottersack, der evtl. entfernt werden sollte. Es kann sonst zu einer Vitamin-A-Überversorgung bei der Katze kommen.
Dazu sticht man den Dottersack auf und lässt das Eigelb hinauslaufen. Der Dottersack befindet sich Richtung After des Kükens.
Entfernt man das Eigelb des Dottersackes nicht, so muss man darauf achten, dass die Katze nicht zu viel Eigelb erhält.
Bezogen werden können die Küken über Futterhandlungen, die sich auf Reptiliennahrung spezialisiert haben. Sie werden meist gefrostet angeboten.
Eintagsküken können hin und wieder verfüttert werden, sollten aber nie als alleiniges Futtermittel verfüttert werden, da nur Abwechslung auf dem Speiseplan einer optimalen Ernährung und Rundumversorgung der Katze dient.

Was man nicht vergessen sollte ist, dass Eintagsküken leider Abfall der Geflügelindustrie sind. Das ist zwar ein trauriger Umstand, allerdings werden sie nicht extra für diesen Zweck gezüchtet.
Eintagsküken werden am Tage ihres Schlüpfens aussortiert, da man als Masthühner keine weiblichen und als Legehennen keine männlichen Hühner einsetzen kann.
Oft sind sie auch direkt beim Geflügelbauer frisch (nicht lebendig!) oder eingefroren erhältlich. Bitte achten Sie wenn möglich auf Eintagsküken aus Betrieben, die die Tiere nicht mit starken Medikamenten behandeln.

Mäuse/Ratten:
Wie auch Eintagsküken sind Mäuse für die Katze ein komplettes Futtertier, das die Katze im Ganzen verspeisen kann.
Futtermäuse und Futterratten werden vor allem für die Reptilienhalter gezüchtet und sind über den Versandhandel oder in Tierfutterläden erhältlich.

Leider sind die Haltungsbedingungen der Mäuse in der Regel sehr schlecht. Es werden massenhaft Tiere auf geringstem Raum gehalten und zur Vermeidung von Seuchen Medikamente eingesetzt. In Mäusezuchten geht es zu wie in Legebatterien.
Es herrschen unerträgliche Zustände.
Diesen Verhältnissen will das „Projekt-Biomaus“ entgegen wirken. Weitere Informationen hierzu finden Sie im Internet.
Artgerecht gezogene Mäuse können hervorragend an die Katze verfüttert werden.
Mäuse enthalten Taurin in großen Mengen, was der Katze, die Taurin selbst nicht in ausreichenden Mengen produzieren kann, entgegen kommt.

FLEISCHVERARBEITUNG

Fleisch zerteilen:

Es gibt verschiedene Möglichkeiten, das rohe Fleisch, die Knochen oder auch den Knorpel für die Katzenmahlzeit vorzubereiten. Die natürlichste Art ist es, die Stücke so groß wie möglich zu belassen, um der Katze intensives Kauen und Beschäftigung zu ermöglichen. Dies dient vor allem den Zähnen der Katze, die dadurch natürlich gereinigt werden.
Ein Problem ist hierbei allerdings, dass die meisten Katzen diese Art des Futters nicht kennen und skeptisch sind. Für sie ist das Wolfen eine gute Alternative.

Wolfen von Fleisch und Knochen:

Beim Wolfen wird das Fleisch durch einen Fleischwolf gedreht, wobei man zwischen feinem

und grobem Wolfen unterscheidet. Feines Wolfen ergibt meist Hackfleisch, wie wir es von der Fleischtheke kennen. Beim groben Wolfen werden das Fleisch oder die Fleischknochen nicht komplett in ihrer Struktur zerstört; man kann noch erkennen, um welches Fleisch, Innereien oder Knochen es sich handelt.
Gewolftes Fleisch kann in Futterläden oder Schlachthöfen bezogen werden. Es wird meist auf Wunsch des Käufers vor dessen Augen durch den Fleischwolf gedreht. Allerdings ist es auch möglich, das Fleisch selbst zu Hause zu wolfen.

Hierfür kommen mehrere Geräte in Frage:

Handkurbel-Geräte:
Zuerst ist hier der preisgünstige, gusseiserne Handkurbel-Fleischwolf zu nennen, der besonders für Fleisch und weichere Fleischknochen (Hälse, Flügel) in Frage kommt. Wo andere Wölfe und Küchenmaschinen aus sicherheitstechnischen Gründen nicht mehr weiter wolfen (sobald sie auf Widerstand stoßen) kann man den Handkurbel-Fleischwolf auch zu diesem Kunststück mit eigener Kraft überreden.
Selbst Pansen kann hervorragend mit dem Handkurbel-Fleischwolf durchgedreht werden, ein Fleischteil, bei dem so manche Küchenmaschine versagt.

Elektrische Geräte:
Einige elektrische Fleischwölfe können mit dem Handkurbel-Fleischwolf mithalten. Besonders geeignet sind Fabrikate, die einen guten und vor allem stabilen Eindruck machen. Beim Kauf sollte man vor allem auf stabile Messer aus Edelstahl achten. Messer aus Blech etc. halten in der Regel den Anforderungen der Rohfütterung nicht stand. Vorteil der elektrischen Wölfe ist der wesentlich geringere Körpereinsatz, Nachteil meist die Lautstärke.
Fleischwolfaufsätze für die Küchenmaschine können sich zum Wolfen ebenfalls eignen. Hier ist auf die Stabilität und die Leistung zu achten.
Mit dem Fleischwolf ist es möglich, alle Arten von Fleisch, Innereien und auch weichere Knochen wie Karkassen, Hühnerflügel und Hälse zu zerkleinern. Zum Zerteilen größerer Knochen ist ein Fleischwolf weniger geeignet. Das schaffen allein die großen Wölfe in Schlachthöfen, Metzgereien oder auch Hundefutterläden.

Zum leichteren Wolfen empfiehlt es sich, das Fleisch oder die Innereien vor dem Verarbeiten leicht anfrieren zu lassen. Leicht gefrorenes Fleisch lässt sich leichter durch den Fleischwolf geben.

Möchte man weichere Knochen wolfen, ist es nötig, diese vorher zu zerteilen, da es nicht möglich ist, ganze Hähnchenschenkel oder

Hühnerflügel am Stück durch den Wolf zu drehen.

Bei gewolftem Fleisch sollte man immer beachten, dass es (wird es nicht eingefroren) eine etwas geringere Haltbarkeit als Fleisch am Stück aufweist. Durch seine vergrößerte Oberfläche finden Bakterien leicht Zugang. Aus diesem Grund sollte gewolftes Fleisch nicht lange auf die Verfütterung warten. Katzen merken dies sofort und rühren ihr Futter nicht an.

Kleinschneiden von Fleisch und Knochen:
Besteht kein Bedarf, das Fleisch oder die Knochen zu wolfen, kann es in katzengerechte Stücke zerteilt werden. Die Größe der Stücke hängt in erster Linie von den Fressgewohnheiten der Katze ab. Manche Katzen mögen es sehr klein geschnitten, andere bevorzugen große oder lange Stücke um daran schnurrend zu knabbern. Ein großartiger Spaß für die Katze.

Um das Fleisch in die richtige Größe zu zerschneiden, kommen mehrere Geräte in Frage:

Messer: Möchte man das Fleisch mit einem Messer schneiden, gibt es hierfür spezielle Koch- oder Fleischermesser, die sich auch zum Schneiden von Sehnen eignen sollten. Solche Messer besitzen die nötige Schärfe, trotzdem sollte ein Gerät oder ein Stein zum Nachschleifen nicht fehlen, denn in der Regel ist häufiges Schärfen nötig. Mit einem scharfen Messer ist man für die Rohfütterung gut ausgerüstet. Mehr dazu im Kapitel über Zubehör für die Rohfütterung.
Bei allen Arten von Muskelfleisch und Innereien kann das Messer zum Einsatz kommen, wobei sich sehniges Fleisch meist nicht besonders einfach zerteilen lässt.
Knochen werden in der Regel nicht mit dem Messer geschnitten.
Zum Schutz der eigenen Hände kann man auch einen speziellen Kettenhandschuh tragen, wie ihn auch Metzger benutzen.
Auch ein Schneidebrett wird benötigt, will man viel Fleisch zerteilen. Hierfür eignen sich Bretter aus Holz oder Kunststoff. Stein ist weniger gut geeignet, da er das Messer stumpf macht. Mehr dazu im Kapitel über Zubehör für die Rohfütterung.

Elektromesser: Ein elektrisches Messer eignet sich ebenfalls sehr gut zum Schneiden. Beim Schneiden mit dem Elektromesser sollte darauf geachtet werden, dass das zu schneidende Fleischstück sehr straff gehalten wird. Das Messer gleitet so besser durch das Fleisch.
Elektromesser sollten wie die Fleischermesser nicht zum Zerschneiden von Knochen benutzt werden.

Scheren: Eine weitere Möglichkeit, Fleisch und auch Knochen zu zerteilen, bieten Scheren. In Fachgeschäften sind spezielle Kno-

chen- oder Geflügelscheren erhältlich. Nicht immer erfüllen diese auch ihren Zweck bzw. halten den hohen Anforderungen der Rohfütterung stand. Daher eignet sich so manche günstig angebotene Gartenschere, auch als Astschere oder Gehölzschere bezeichnet, besser für diesen Einsatz. Mit Hilfe dieser Scheren ist es möglich Hühnerhälse oder Putenhälse, Flügel und Karkassen zu zerteilen.
Lunge, die mit dem normalen Messer kaum zu bewältigen ist, lässt sich ebenfalls gut mit einer Schere in kleine Stücke schneiden.

FLEISCHVERARBEITUNG: HALTBARMACHEN VON FLEISCH

Da es nicht immer möglich sein wird, mehrmals wöchentlich frisches Fleisch zu kaufen, empfiehlt sich das Konservieren. Meist ist es auch günstiger, große Mengen Fleisch einzukaufen. Oft kann man sogar ein Schnäppchen durch Mengenrabatt machen. Einige Anbieter verkaufen ausschließlich in größeren Gebinden, so dass sich auch hier das Haltbarmachen des Fleisches empfiehlt, sollte man dieses Angebot nutzen wollen.

Das Einfrieren von Fleisch und Knochen:

Das Einfrieren ist eine recht praktische Art des Konservierens. Hierbei werden Lebensmittel bei einer Temperatur von ca. -17 °C bis -20 °C für längere Zeit gelagert.
In erster Linie dienen Tiefkühlschränke oder Froster diesem Zweck. Bei kleineren Portionen reicht auch ein Eisfach im Kühlschrank aus.
Eingefroren werden kann in Dosen oder Beuteln. Während die Dosen umweltschonender sind, sind die Tiefkühlbeutel praktischer, da sie nicht so viel Platz in der Truhe einnehmen. Kauft man stabile Beutel, können diese nach dem Durchwaschen gegebenenfalls erneut verwendet werden.
Auf den Beuteln oder den Dosen sollten in jedem Fall das Datum des Einfrierens sowie der Inhalt vermerkt sein. Beschriften lassen sich die Gefrierbeutel am leichtesten mit einem wasserfesten (Text)Marker. Bei den Dosen empfiehlt sich das Aufkleben kleiner Klebeetiketten, die sich beim Abwasch leicht wieder entfernen lassen.

TIPP: Folienschweißgeräte eignen sich hervorragend für das Einfrieren. Mit diesen Geräten ist es möglich, flache Portionsbeutel herzustellen, die sich leicht auftauen lassen und Platz in der Truhe sparen.

Sollen große Mengen Fleisch oder Knochen auf einmal eingefroren werden, ist es ratsam, die Temperatur des Gefrierschrankes eine Zeit lang noch weiter hinunter zu fahren, um ein schnelles Einfrieren zu ermöglichen. Als Einfriertempera-

tur von Fleisch wird in der Regel bis zu -30 °C empfohlen. Diese Temperatur ist nötig, um die Flüssigkeit, die sich zwischen den Zellen des Fleisches befindet, schnell und gleichmäßig zu kleinen Kristallen erstarren zu lassen. Wird das Fleisch langsamer und bei höherer Temperatur eingefroren, entstehen größere Kristalle, welche die Zellwände des Fleisches schädigen können. Beim Auftauen ergibt dies größere Mengen Tauwasser und trockenes Fleisch.
Möchte man in einen bereits gefüllten Gefrierschrank frisches Fleisch zum Einfrieren hinzufügen, empfiehlt es sich, diese neuen Abpackungen zuerst in die kälteste Zone des Frosters zu legen. Die ist beim Gefrierschrank das oberste Fach, bei Gefriertruhen sind dies die Innenwände, in deren Nähe das frische Fleisch zuerst gelagert werden sollte.

Angemerkt sei hier noch, dass es sich beim Einfrieren um eine recht teure Vorratshaltung handelt. Gefriertruhen verbrauchen große Mengen Strom, dazu sind sie in ihrer Anschaffung teuer.
Ein Vorteil der Tiefkühlung ist allerdings, dass sie kaum einen Verlust an Vitaminen und Mineralstoffen im Fleisch bewirkt.
Auch Knochen und Supplemente können, ohne Schaden in ihrer Struktur zu nehmen, bedenkenlos eingefroren werden.

Auftauen von eingefrorenem Fleisch:

Eingefrorenes Futter ist praktisch. Es kann immer dann portionsweise aus dem Tiefkühlschrank genommen werden, wenn es benötigt wird.
Es sollte aber grundsätzlich auf schonendes Auftauen geachtet werden. Es hat sich bewährt, das Fleisch aus der Tiefkühltruhe in den Kühlschrank zu geben, hier ist das langsame Auftauen gewährleistet. In kühlen Räumen kann die gefrorene Nahrung ebenfalls auftauen. Fehlen diese Möglichkeiten, kann das Fleisch auch bei Zimmertemperatur auftauen. Generell muss das Fleisch nach dem Tauvorgang im Kühlschrank oder im kalten Keller auf Zimmertemperatur gebracht werden, da es so bekömmlicher für die Katze ist. Dazu kann man dem Futter ein wenig heißes Wasser hinzufügen. Dies dient auch der Deckung des Flüssigkeitsbedarfes der Katze.

Zum Auftauen empfiehlt es sich, das Fleisch aus dem Gefrierbeutel zu nehmen und es in eine Schüssel oder einen Teller aus Glas, Porzellan oder Steingut zu legen. Das Tauwasser, welches dabei entsteht, darf mitgefüttert werden, da es Vitamine und Mineralstoffe aus dem Fleisch enthält.

Soll es mit dem Auftauen einmal schnell gehen, kann das Fleisch auch auf die Heizung oder in ein warmes Wasserbad gelegt werden. Das ist zwar nicht sehr schonend für das Fleisch, aber eine brauchbare Methode wenn man vergessen hat, das Futter rechtzeitig aus der Gefriertruhe zu nehmen.

Katzenhalter, die über eine Mikrowelle verfügen, bevorzugen sicher das Auftauen in diesem Gerät. In der Mirowelle bringen elektromagnetische Wellen die Moleküle der Lebensmittel in Schwingung. Durch die Reibung entsteht Wärme. Das Fleisch wird durch diese große Hitze gegart, ohne dass sich dies durch Bräune erkennen lässt. Man bemerkt es nicht, das Fleisch scheint lediglich leicht erhitzt. Da man mit der Rohfütterung rohe Zutaten verfüttern möchte, sollte man auf die Mikrowelle verzichten. Durch die Hitze werden wichtige Nährstoffe vernichtet (unter anderem Taurin).
Ob es allerdings auch gesundheitsschädlich ist, (wie einige Gegner der Mikrowelle behaupten) Nahrung zu sich zu nehmen, die durch die Mikrowellenstrahlung verändert wurde, lässt sich bislang noch nicht eindeutig belegen. Bekannt ist ein Versuch mit Katzen, die ausschließlich Mikrowellenfutter erhielten (einschließlich Wasser). Die Katzen starben.

Einfrieren von bereits aufgetautem Fleisch:

Es ist fest in unseren Köpfen verankert. Einmal aufgetautes Fleisch darf nicht erneut eingefroren werden, weil es sonst „giftig wird". Diese Vorsichtsmaßnahme ist veraltet.
Fleisch, das nicht schlecht ist, sondern sich aufgetaut in einwandfreiem Zustand befindet, darf erneut eingefroren werden und kann beim nächsten Auftauen problemlos verfüttert werden. Sollten Sie also gefrostetes Fleisch kaufen, können Sie dies problemlos auftauen, zu Rezepten verarbeiten und erneut einfrieren.

Fleisch im Kühlschrank aufbewahren:

Fleisch lässt sich problemlos ein paar Tage im Kühlschrank aufbewahren. Wichtig ist, dass es hierbei keinesfalls verdirbt. Verdorbenes oder auch leicht angegangenes Fleisch wird von Katzen nicht gefressen. Während sich Hunde auf Aas stürzen, wird solches Futter von der Katze nicht angerührt.
Rindfleisch ist im Kühlschrank länger haltbar als Geflügel. (Rind: 5-6 Tage, Geflügel: 2-3 Tage). Fleisch am Stück ist überdies länger haltbar als Hackfleisch. Fettigeres Fleisch ist nicht so lange haltbar wie mageres.

Allerdings verliert jedes Fleisch mit der Lagerung an Nährstoffen wie z.B. Vitaminen. Auch der für die Katze bedeutsame Tauringehalt nimmt ab.

Wichtig bei der Lagerung ist vor allem die Temperatur im Kühlschrank. Sie muss zwischen 2 und 6 °C liegen.
Lagern Sie das Fleisch lieber in einer abgedeckten Schale, als im Gefrierbeutel oder der Plastikverpackung. Bakterien vermehren sich gerne unter Luftabschluss.

Krankheitserreger im rohen Fleisch:

Kann rohes Fleisch Krankheitserreger enthalten, die gefährlich für die Katze sind?
Rohes Fleisch kann Krankheitserreger enthalten, die für die Katze gefährlich sein können. Allerdings - und das muss ich hier betonen - sind Infektionen bei der Katze mit diesen Erregern nur ausgesprochen selten zu verzeichnen. Hält man sich an bestimmte Regeln, so kann man eine Infektion zwar nicht gänzlich ausschließen, aber auf jeden Fall weitestgehend vermeiden.

Generell ist es so, dass gerade Katzen mit einem geschwächten Immunsystem besonders anfällig und sensibel für die unterschiedlichsten Krankheiten und Umwelteinflüsse sind.
Wird eine Katze mit Natural Cat Food ernährt, stärkt alleine diese Fütterung in ganz erheblichem Maße das Immunsystem, da sie ihr mit frischen Zutaten all das bietet, was ihr Organismus benötigt, um gut funktionieren zu können.
Katzen mit einem gestärkten Immunsystem werden weniger oft krank, als Katzen mit einem angegriffenen Immunsystem.

Verfügt die Katze also über ein gut funktionierendes Abwehrsystem (und kein durch Krankheit geschwächtes), werden ihr die meisten Umwelteinflüsse, Krankheitserreger usw. nichts anhaben können. Denn wichtig ist nicht der Zustand des Erregers, um sich in den Organismus einzuschleichen, sondern wichtig ist der Zustand des Organismus. Befindet er sich nicht in einem stabilen Gleichgewicht, ist der Körper anfällig für Erkrankungen.

Füttern wir der Katze rohes Fleisch, so wird es sich einer sogenannten Fleischbeschau unterzogen haben. In Deutschland ist es per Gesetz vorgeschrieben, dass sich jedes Tier, welches dem menschlichen Verzehr dient, einer Fleischbeschau unterziehen muss. Zu diesen Tieren zählen folgende: Schweine, Rinder, Ziegen, Schafe (und andere Paarhufer), Pferde (und andere Einhufer), Kaninchen sowie auch das Wild.
Bei dieser Kontrolle werden die Tiere, je nach Art, von einem Veterinär z.B. auf folgende Krankheiten untersucht:
Milzbrand, Rauschbrand, Rinderseuche, Rotz, Tollwut, Rinderpest, Blutvergiftung, Rotlauf, Tuberkulose, Schweinepest, Schweineseuche, Starrkrampf, Ikterus (Gelbsucht), Wassersucht, Abszesse, Geschwülste, Strahlenpilz, MKS, BSE usw.
Außerdem werden bei der Fleischbeschau bestimmte Gerüche des Fleisches genauer untersucht wie: Harngeruch, Geschlechtsgeruch, Geruch nach Arzneimitteln oder Desinfektionsmitteln.
Des Weiteren werden die Tiere, bzw. das Fleisch der geschlachteten Tiere, auf die vorkommenden Darmparasiten untersucht, wie: Finnen von Bandwurm oder anderen Würmern, Leberegel, Hülsenwürmer, Gehirnblasenwürmer, Rundwürmer und andere vorkommende Wurmarten.
Die Trichinenschau des (Schweine-)Fleisches ist ein besonderer Teil der Fleischbeschau. Hierbei werden dünne Fleischstücke unter einem speziellen Mikroskop betrachtet und auf Trichinen untersucht.

Folgende Erreger im Fleisch können der Katze Schaden zufügen:

Aujeszky Virus:
Bei dem Aujeszky Virus handelt es sich um ein Virus, das von dem ungarischen Veterinär Aladar Aujeszky entdeckt wurde. Dieses Virus tritt vorwiegend im Fleisch von Schweinen auf.
Das Aujeszky Virus stellt keine Gefahr für den Menschen dar, wohl aber für Hund und Katze. Nach einer Inkubationszeit von 2-9 Tagen endet die Infektion für sie immer tödlich. Anzeichen einer Aujeszky-Infektion sind Juckreiz, Lähmungen, Schluckbeschwerden sowie Störungen des Nervensystems.

Wegen der Gefährlichkeit dieses Erregers sollte in Deutschland kein Schweinefleisch an Hunde und Katzen verfüttert werden. Nur rohes Fleisch kann das Virus enthalten. Erhitzt man es über 60 °C, so ist das Virus abgetötet und die Katze kann das Fleisch problemlos fressen. Da in der Ernährung mit Natural Cat Food gegartes Fleisch abgelehnt wird, kommt das Kochen und somit auch das Verfüttern von Schweinefleisch nicht in Frage.

Zwar ist der Hausschweinbestand in Deutschland laut EU seit März 2003 Aujeszky-frei, dennoch besteht ein Restrisiko. Da das Virus nicht auf den Menschen übertragbar ist, kann es vorkommen, dass nicht ausreichend auf Aujeszky kontrolliert wird. Die Aujeszkische Krankheit stellt zwar eine Seuche dar und sollte streng untersucht werden, dennoch besteht in meinen Augen ein Risiko, mag es noch so klein sein. Besonders wenn man bedenkt, dass auch Fleisch aus anderen Ländern in Deutschland verkauft wird und nicht nur Fleisch aus Deutschland in den Verkauf gelangt. Selbst ein Schwein, das nur einen Monat in Deutschland gelebt hat, bevor es geschlachtet wird, wird als deutsches Schwein vermarktet.
Ob Schweinefleisch verfüttert wird, muss jeder Katzenhalter für sich und sein(e) Samtpfötchen entscheiden. Dies hängt natürlich auch von den Einkaufsquellen ab, von denen das Schweinefleisch bezogen werden kann.

Leider ist die Gefahr des Infizierens mit dem Virus auch dann nicht komplett ausgeschlossen, wenn die Katze kein Schweinefleisch zu fressen erhält.
Kauft man Fleisch im Supermarkt an der Fleischtheke oder beim Metzger, so fällt auf, dass dort Rindfleisch neben Schweinefleisch liegt und auch zusammen verarbeitet wird, ohne einen Unterschied zu machen.
Hier ist die Gefahr gegeben, dass sich das Virus vom Schweinefleisch auf das Rindfleisch überträgt, allerdings auch nur dann, wenn die Menge der Viren recht hoch ist.
Kauft man das Fleisch direkt beim

Schlachthof, kann man die Gefahr umgehen. In Schlachthöfen werden die Tiere getrennt voneinander geschlachtet, so dass man meist einen Kontakt des Rindfleisches mit dem Schweinefleisch vermieden weiß.
Auch abgepacktes Fleisch wird meist sortenrein eingeschweißt und ist in den Verarbeitungsbetrieben nicht in Kontakt mit anderen Fleischsorten gelangt.

Trichinen:
Trichinen kommen im Schweinefleisch vor. Sie können zwar der Katze (und auch dem Menschen) schaden, allerdings beinhaltet die Fleischbeschau und -Untersuchung auch die Kontrolle auf Trichinen, so dass im Prinzip keine Gefahr für die Katze besteht.

Salmonellen:
Salmonellen sind in der Regel dann ein Thema, wenn es um das Verfüttern von Geflügelfleisch geht. Informiert man sich einmal genauer, so wird man feststellen, dass auch andere Lebensmittel mit Salmonellen besiedelt sein können. In kleiner Anzahl aufgenommen schaden sie der Katze nicht, da sie zum einen über einen wesentlich kürzeren Verdauungsweg verfügt, zum anderen aggressive Verdauungsenzyme besitzt.
Gefährlich werden Salmonellen erst dann, wenn sie zu abertausenden auftreten, oder die Katze über ein geschwächtes Immunsystem verfügt. Wenn auch die Gefahr der Infektion mit Salmonellen für die Katze nicht sehr groß ist, so sind dennoch einige hygienische Maßnahmen in Bezug auf den Umgang mit rohem Fleisch zu treffen. Alle Gegenstände, die mit rohem Fleisch in Kontakt gekommen sind, sollten gründlich gereinigt werden, gehacktes Fleisch nicht lange uneingefroren stehen gelassen, Fleisch für die Katze getrennt von Lebensmitteln für den Menschen lagern usw.
Da davon ausgegangen wird, dass Salmonellen besonders häufig im Tauwasser des Geflügels zu finden sind, kann das Tauwasser nach dem Tauvorgang weggeschüttet werden.

BSE
(Bovine spongiforme Enzephalopathie)/Rinderwahnsinn:
Auch BSE ist immer ein Thema in der Rohfütterung, da gerade das Rindfleisch ein beliebtes Futterfleisch ist.
BSE betrifft vor allem Rinder, aber auch andere Tiere können an BSE erkranken. So zeigt die Erkrankung Scrapie die gleichen Symptome, die vor allem bei Schafen, aber auch bei anderen Tieren wie Ziegen, Maultieren, Hirschen, Ratten, Meerschweinchen, Hamstern usw. auftreten kann.
Auch bei Groß- und Hauskatzen ist eine Form von BSE, die sogenannte FSE (Feline Spongiforme Enzephalitis) bekannt. Etwa 70 Fälle

sind weltweit verzeichnet.
Wichtig für den Katzenhalter ist zu wissen:
Alle Rinder, ab einem Alter von 24 Monaten, müssen bei der Schlachtung auf BSE getestet werden, da sich der Erreger erst mit der Zeit vermehrt und schädigend werden kann.
Das Risikomaterial des Rindes wird in der Regel entsorgt. Zum Risikomaterial gehören: Hirn, Rückenmark, Augen, Mandeln, Milz sowie der Darm des Tieres, da dort die meisten Erreger nachgewiesen wurden.
Als unbedenklich für den Verzehr gilt das reine Muskelfleisch von Rind oder Kalb. Auf der sicheren Seite ist man allerdings erst, wenn man über die genaue Herkunft des Fleisches informiert ist.
BSE ist aber auch für Katzen ein Risiko, die mit Fertigfutter ernährt werden. Der Erreger wird weder durch Kochen noch durch Einfrieren abgetötet. Man kann also sagen, wir sind demselben Risiko ausgesetzt wie unsere Katzen, wenn wir uns von Fleisch ernähren.

Toxoplasmose:
Toxoplasmose ist eine von dem Parasiten (Einzeller) Toxoplasma Gondii verursachte Infektionskrankheit, die auch für Menschen eine Gefahr darstellt. Besonders schwangere Frauen sind betroffen bzw. deren Föten. Anstecken kann sich der Mensch durch die Katze, die als Endwirt des Parasiten fungiert. Hunde (und auch Menschen) können nur Zwischenwirte des Parasiten sein. Endwirt ist die Katze, oder andere katzenartige Tiere. Nur sie scheiden die gefährlichen Oozysten aus. (Oozysten = Eierähnliche Dauerstadien des Erregers.)
Eine Ansteckung der Katze erfolgt durch die Aufnahme von rohem oder halbrohem Fleisch, das mit Gewebezysten behaftet ist. Der Mensch wiederum steckt sich über den Kot der Katze an. Der Kot der Katze muss allerdings schon ein paar Tage (2-4) alt sein, frischer Kot ist weitgehend ungefährlich.
Schwangere sollten aus diesem Grund nicht das Katzenklo reinigen bzw. es rechtzeitig säubern.

Zysten im Fleisch können durch Einfrieren oder Erhitzen vernichtet werden.
Potentiell gefährlich kann jedes Fleisch fleischliefernder Tiere in Deutschland sein. Schweinefleisch eher als Rindfleisch. Auch in Mäusen und Vögeln kommt der Erreger vor.
Gefährliche Oozysten, die von der Katze ausgeschieden werden, gelangen über Futter (z.B. Gras) und Wasser in den Organismus der fleischliefernden Tiere, wo sie infektionsfähige Gewebezysten bilden.
Die Erreger überleben entweder im Körper der Katze als Zysten oder führen zu entzündlichen Prozessen. Die Inkubationszeit ist recht unterschiedlich, so dass darüber

keine Aussage getroffen werden kann. Meist geht eine Infektion der Katze unbemerkt vorüber. Im akuten Stadium kann es zu grippeähnlichen Symptomen kommen. Die Katze ist schlapp und teilnahmslos, atmet geräuschvoll und verweigert die Nahrungsaufnahme. Im chronischen Verlauf zeigen sich Lungenentzündungen, Atemanomalien, Fieberschübe, Augenerkrankungen, Erbrechen und Durchfall. Auffallend ist auch ein taumelnder Gang durch Störungen des Nervensystems.

Erkrankungen an Toxoplasmose sind selten, jedoch haben Freigänger ein erhöhtes Risiko. Aber auch die Hauskatze kann sich durch Schmierinfektionen z.B. über die Schuhe des Halters infizieren.

Bio i(s)st einfach besser!

Gerade wurde im Radio angekündigt, dass für Bio-Produkte eine Umsatzsteigerung von 15% im kommenden Jahr erwartet wird. Das ist eine Menge. Und das ist gut so.

Warum sollte man also auf Bio-Produkte für die Rohfütterung der Katze zurückgreifen?

Als Bio-Produkte dürfen nur noch Produkte in den Handel gelangen, die dem ökologischen Landbau entstammen. Diese werden mit dem Bio-Siegel versehen und garantieren artgerechte Tierhaltung, Verfütterung ökologisch produzierter Futtermittel und eine abwechslungsreiche Fruchtfolge im Anbau von Futtermitteln und Erträgen aus der Landwirtschaft, die dem menschlichen Verzehr dienen. Bio-Lebensmittel sind nicht bestrahlt, nicht gentechnisch verändert und nicht mit chemischen Mitteln gedüngt. All diese Vorgaben sind in der EG-Öko-Verordnung festgelegt und werden kontrolliert.

Besonders wichtig für die Katzenfütterung ist das Fleisch und somit die Haltung und Fütterung der fleischliefernden Tiere. Vorgegeben sind hier vor allem der Platz, den jedes Tier benötigt, die freie Bewegung an der Luft, Einstreu ist vorgeschrieben wie auch die besondere Fütterung, im Sommer vorwiegend durch Weidehaltung.
Die Tiere haben so ein besseres Leben.
Die Verordnung schreibt zudem eine mindestens 50%ige Eigenversorgung mit selbst produzierten Futtermitteln vor. Dies schont die Umwelt.

So kann man als Katzenhalter durch die Verfütterung von Biofleisch einen Beitrag für die Natur, die Umwelt und die Tiere leisten. Der etwas höhere Preis lohnt sich, denn er ist immer noch günstiger als sogenannte Premium Nahrung für Katzen, welche im Handel angeboten wird. Und wenn Sie sich nicht leisten können 100% Bio zu füttern, dann füttern sie 50% oder 20% und leisten sie so Ihren Beitrag.

Regionalität der Produkte:
Von ebenso großem Wert ist es, regionale Produkte zu kaufen und somit die Landwirtschaft der Region zu unterstützen, die Umwelt damit zu schonen, weil die Transportwege wesentlich kürzer sind und regionale Arbeitsplätze zu erhalten.
Am wichtigsten hierbei ist allerdings die Qualität der Produkte die durch die kürzeren Wege auch frischer sind.

Ethik in Sachen Fleisch:

Auch das Thema Ethik muss in Bezug auf das Fleisch, das wir an die Katze füttern, angesprochen werden. Zu schnell vergessen wir, dass es sich bei den Fleischstücken die wir verfüttern, einmal um lebende Tiere gehandelt hat. Diese Tiere, Schlachttiere, haben meist kein schönes Leben in den engen Massentierhaltungen, die so gar nicht den artgerechten, natürlichen Bedingungen entsprechen. Während wir versuchen, unsere Katzen mit Natural Cat Food artgerecht zu ernähren, leiden diese Tiere auch dadurch, dass wir ihr Fleisch verfüttern. Zwar werden die fleischliefernden Tiere in den Massentierhaltungen nicht allein für die Katzen gehalten und geschlachtet, aber dennoch verfüttern wir ihr Fleisch. (Selbstverständlich auch dann, wenn wir Fertigfutter verfüttern.)

Ich bin der Meinung, dass man sich dies ruhig bewusst machen sollte und somit vielleicht auch etwas mehr Achtung vor dem geschlachteten Tier bewahrt.

Ist es möglich, Fleisch von artgerecht gehaltenen Tieren zu kaufen und mag es auch ein wenig teurer sein, sollte diese Haltungsform auch von Katzenbesitzern unterstützt werden. Wir sollten immer beachten, dass jedes geschlachtete Tier einen Nutzen gegenüber uns oder eben unseren Katzen erfüllt. Das sollten wir nicht vergessen und dankbar dafür sein.

Vegetarische Ernährung der Katze: Eine Katze, in Anbetracht der als grausam zu bewertenden Massentierhaltung, rein vegetarisch zu ernähren, kann jedoch keine Lösung des Problems sein. Eine Lösungsmöglichkeit bietet der Kauf von Fleisch aus einem Bio-Betrieb.

Als genauso tierquälerisch zu bezeichnen, wie eine Fütterung eines Rindes mit Knochenmehl, ist eine vegetarische Fütterung der Katze, da ihr Verdauungstrakt der eines Beutetierfressers ist. Der Magen-Darm-Trakt einer Kuh hingegen ist der Verdauungstrakt eines reinen Pflanzenfressers. So sollte jede Tierart mit der passenden Fütterung bedacht werden. Leider findet man oft das Gegenteil vor. (z.B. Fertigfuttermittel für Katzen mit einem Getreideanteil von über 50%.)

Zum Thema vegetarischer Katzenhalter: Viele Vegetarier füttern ihre Katze mit Rohfutter, selbst wenn für einige von ihnen der Umgang mit rohem Fleisch nicht einfach und oftmals auch mit Ekel verbunden ist. Die Gesundheit der Katze liegt auch ihnen sehr am Herzen. Vegetarismus und Rohfütterung schließen sich also nicht aus. Vegetarier haben die Entscheidung für sich getroffen, kein Fleisch zu sich zu nehmen. Für das ihnen anvertraute Tier, das über einen Organismus verfügt, der auf fleischliche Nahrung ausgelegt und angewiesen ist, kann solch eine Entscheidung allerdings nicht getroffen werden. Katzen brauchen Fleisch!

BALLASTSTOFFE

Katzen benötigen keine Kohlenhydrate und somit auch kein Getreide, Gemüse oder Obst. In den Fertigfuttermitteln ist lediglich so viel Getreide enthalten, um das Futter günstiger produzieren zu können. Getreide dient somit als günstiger Sattmacher. Also können wir in der Fütterung von Natural Cat Food auf Getreide verzichten.

Ob Katzen andere Stoffe wie z.B. Vitamine und Mineralstoffe aus pflanzlicher Nahrung verwerten können ist fraglich, da der Stoffwechsel der Katze auf tierische Nahrung ausgelegt ist. Wir können den Bedarf der Katze an diesen Stoffen durch die Fütterung mit Natural Cat Food ohne die Fütterung pflanzlicher Bestandteile wie Gemüse und Getreide decken.

Auffällig ist in diesem Zusammenhang auch die Zunahme der an Diabetes erkrankten Katzen. Dies lässt sich neben einem genetischen Hintergrund auch auf die Fütterung zurückführen. Getreide enthält Kohlenhydrate, Kohlenhydrate sind Zucker und zu viel Zucker kann Diabetes begünstigen. Auch Allergien sind auf die übertriebene Getreidefütterung zurückzuführen. Zudem bläht Getreide und belastet den Stoffwechsel der Katze, da die Katze viel zu viel Energie verbraucht, um Getreide zu verdauen. Man beachte in diesem Zusammenhang bei der Fütterung mit Fertigfutter wie viel Futter die Katze erhält und wie viel davon wieder ausgeschieden wird.

Lediglich als Ballaststofflieferant eignen sich Getreide und Gemüse. Ballaststoffe fördern die Darmbewegung und unterstützen damit die Verdauung. In der natürlichen Ernährung der Katze nimmt diese Ballaststoffe in Form von Fell, Sehnen und Knorpel ihrer Beutetiere auf. Bei der Ernährung mit Natural Cat Food müssen wir dies simulieren.
Da Fleisch keine Kohlenhydrate und Ballaststoffe enthält, muss das Fleisch ergänzt werden.

Welche Futtermittel eignen sich zur Ballaststoffversorgung?

Zur Versorgung der Katze mit Ballaststoffen eignen sich zum Beispiel Obst und Gemüse. Welche Sorten in Frage kommen und wie sie für die Verfütterung vorbereitet werden, können Sie weiter hinten in diesem Kapitel lesen.

Weiterhin eignen sich Getreideflocken wie z.B. Reisflocken, Hirseflocken, Quinoaflocken, Dinkelflocken etc. oder Kleie wie Weizenkleie, Haferkleie, Reiskleie etc.
Kleie ist ein Nachprodukt, welches beim Mahlen des Getreides entsteht. Es handelt sich um die Schalen des Getreides, die besonders ballaststoffreich sind.

Auch Weizenkeime lassen sich gut verfüttern. Sie dienen gleichzeitig noch als Vitamin-E-Lieferanten. Ebenso sind Flohsamenschalen für die Katze geeignet.

Nicht dem Getreide zuzuordnen, aber auch als Ballaststoffe dienen außerdem Sesam (ungeschält), Leinsamen sowie Kokosflocken. Wie in der Tabelle zu erkennen, enthalten sie große Mengen Ballaststoffe.
Vorsicht ist bei Leinsamen geboten. Er enthält Cyanogene Glykoside (Blausäure).
Er darf nur im Ganzen und nicht gemahlen verfüttert werden.

Beim Kauf von Getreide für die Ballaststoffversorgung achten sie auf gute Qualität. Hier ist wie immer den Bioprodukten der Vorzug zu geben.
Flocken, Kleie usw. erhalten Sie im Reformhaus oder Bioladen in guter Bioqualität.
Auch Drogerie- oder Supermärkte haben Bioabteilungen in denen diese Lebensmittel angeboten werden.

Die Ballaststoffe in Pulver- (Kleie) oder Flockenform können Sie zu Mischungen zusammen füllen, so dass sie nur aus einer Dose dem Futter etwas beigeben müssen. Diese Vorgehensweise empfiehlt sich, wenn Sie die Ballaststoffe täglich dem Futter der Katze frisch beigeben und nicht dem Gesamtfutter vor dem Einfrieren hinzufügen. So kann mit verschiedenen Mischungen auch täglich Abwechslung geboten werden, wenn eine Dose z.B. eine Mischung aus Reisflocken, Hirseflocken und Dinkelflocken enthält, die andere Dose eine Mischung aus Kokos, Sesam und Leinsamen und eine dritte Dose eine Gemisch aus Haferkleie, Weizenkleie und Roggenkleie. Zwischen diesen Mischungen kann nun täglich gewechselt werden.

Der Bedarf der Katze an Ballaststoffen:
Ca. 5% des Katzenfutters sollte aus Ballaststoffen bestehen. Da die unterschiedlichen Futtermittel einen unterschiedlich großen Gehalt an Ballaststoffen aufweisen, kann man diesen in der Tabelle nachlesen und somit ausrechnen, was der Katze verfüttert werden sollte.

Vorbereitung des Getreides vor der Verfütterung:
Flocken und Kleie aber auch Sesam, Leinsamen oder Kokosflocken sollten vor der Fütterung an die Katze eingeweicht werden. Am besten in Wasser. So nimmt die Katze auch ausreichend Flüssigkeit auf. Verfüttert man Getreide ohne Wasser entzieht dies dem Körper der Katze zu viel Flüssigkeit und behindert die Verdauung, da die Magensäfte aufgesaugt werden und nicht angemessen wirken können.

Gemüse und Obst:
Während bei der Rohfütterung von Hunden Gemüse und Obst eine recht große Rolle spielen, ist es bei der Katze nicht in dem Maße wichtig. Hunde erhalten ca. 20-30% ihrer Nahrung in Form von Obst und Gemüse. Bei der Katze genügen ca. 3-5% der Ration und es muss auch nicht jeden Tag Gemüse und Obst verfüttert werden.
Der Magen der Maus, die die Katze hin und wieder zu sich nimmt, enthält nur winzige Mengen Nahrung in Form von Gräsern, Körnern, Samen etc. Selbst die Menge von 12 Mäusen (die Tagesration einer Katze) bringt es nicht auf mehr als 1 TL Mageninhalt am Tag. Mehr Gemüse und Obst muss eine Katze auch nicht bekommen.

Pflanzliche Nahrung, also Gemüse, muss der Katze grundsätzlich in zerkleinerter Form angeboten werden. Hierfür wird das Gemüse und Obst püriert oder sehr fein gerieben, was sich für kleine Portionen eher eignet.

Prinzipiell können viele Gemüse- und Obstsorten der Verfütterung dienen. Leider frisst aber nicht jede Katze jedes Gemüse und viele verweigern generell die Futteraufnahme, wenn Gemüse auf dem Speiseplan steht. Es gilt also auszuprobieren, was der Katze mundet.
Praktisch sind auch, um einen Geschmack für das Gemüse zu bekommen, Gemüsegläschen für Babys. Sie können an die Katze verfüttert werden, wenn sie lediglich Gemüse oder Obst enthalten (keine Zusätze, kein Fleisch).

Beim Kauf von Gemüse achten Sie auf Saisonware. Sie ist nicht so stark mit Pestiziden belastet. Der Kauf von regional angebauten Produkten unterstützt die Region und belastet die Umwelt weniger, da die Lebensmittel keine weite Reise hatten. Bio-Produkte nützen allen und sollten immer bevorzugt gekauft werden.

Gemüse:
In der Regel wird zwischen überirdisch wachsendem Gemüse (wie Salat) sowie unterirdisch wachsendem (z.B. Karotten) unterschieden. Beides kann der Ernährung der Katze dienen.

Zu den überirdisch wachsenden Gemüsesorten zählen:
Blattgemüse wie: Kopfsalat, Spinat, Mangold, Feldsalat, Pflücksalat, Endivien, Romanasalat, Eisbergsalat, Eichblattsalat, Bataviasalat, Lollo Rosso, Lollo Bianco, Chicoree, Pak Choi, Rucola, Portulak, Kultur-Löwenzahn, Gemüseampfer, Knollenfenchel, Brunnenkresse, Gartenkresse, Rübstiel, Rhabarber, Staudensellerie
Fruchtgemüse wie: Gurken, Kürbis, Zucchini
Nachtschattengewächse wie: Tomaten, Paprika

Zu den unterirdisch wachsenden Gemüsesorten zählen: Wurzelgemüse wie: Karotten, Wurzelpetersilie, Radieschen, Rettich, Rüben, Schwarzwurzeln, Rote Beete, Spargel, Süßkartoffeln, Topinambur, Knollensellerie, Pastinak

All diese Gemüsesorten können für die Katzenfütterung genutzt werden.

Gemüsesorten, die sich nicht oder nur bedingt zur Fütterung eignen:

Nicht verfüttert oder nur selten angeboten werden sollten der Katze sogenannte Nachtschattengewächse. Sie enthalten das für die Katze giftige Solanin.
Zu den Nachtschattengewächsen zählen: Kartoffeln, Tomaten, Paprika, Peperoni und Auberginen.
Allerdings kann hier unter bestimmten Voraussetzungen eine Ausnahme gemacht werden. Nur die unreifen Früchte der Nachtschattengewächse wie Tomate oder Paprika enthalten das giftige Solanin. Sehr reife Tomaten oder Paprika können daher in sehr geringen Mengen verfüttert werden. Bei der Paprika sind ausschließlich die gelben, orangen oder roten Sorten zu füttern. Grüne Paprika sind immer unreif, giftig und nicht für die Katzenfütterung geeignet. Bei den Tomaten sollten die grünen Stellen oben am Stängel in jedem Fall entfernt werden. Sind die Tomaten oder Paprika beim Kauf noch nicht überreif, können sie problemlos auf der Fensterbank nachreifen. Das Solanin wird durch den Prozess der Reifung abgebaut.
An den Kartoffeln entstehen die grünen Stellen erst durch ungeeignete, zu helle Lagerung, wodurch sich Solanin bildet, das auch nicht wieder abgebaut werden kann. Da sich rohe Kartoffeln nicht zur Fütterung eignen, scheiden sie generell für die Rohfütterung aus.
Auberginen, grüne Paprika, grüne Tomaten und rohe Kartoffeln dürfen niemals an die Katze verfüttert werden.

Zur Katzenernährung ebenfalls ungeeignet sind Avocados. Einige Sorten enthalten das Toxin Persin, welches für die Katze tödlich ist. Zwar sind nicht alle Avocadosorten giftig, aber die Unterscheidung der einzelnen Sorten fällt so schwer, dass das Risiko zu groß wäre. Aus diesem Grund sollte grundsätzlich auf die Verfütterung von Avocados verzichtet werden.

Hülsenfrüchte wie: Erbsen, Linsen, Bohnen und Puffbohnen. Sie können bei der Katze in ungekochtem Zustand starke Krämpfe und Blähungen auslösen. Auch Menschen wird vom Verzehr roher Bohnen abgeraten und selbst in gekochtem Zustand ist der Ausspruch bekannt „Jedes Böhnchen gibt ein Tönchen".
Ebenfalls nicht für die Ernährung mit Natural Cat Foot geeignet sind

Kohlsorten wie Grünkohl, Brokkoli, Wirsing, Rosenkohl, Kohlrabi, Rot- und Weißkohl. Die Kohlarten können Blähungen bei der Katze auslösen.

Zwiebeln und Zwiebelgewächse sind ebenso nicht auf dem Speiseplan der Katze zu finden. Dazu zählt auch Knoblauch. Zwiebelgewächse können zu Anämien bei Hunden und Katzen führen. Verursacher ist N-Propyldisulfid, eine Schwefelverbindung.

Obst:
Obst, das für die Katzenfütterung in Frage kommt, sollte von reifer oder sogar überreifer Konsistenz sein. Das Verfüttern von unreifem Obst kann gesundheitsschädliche Auswirkungen haben. Es kann zu Störungen im Verdauungstrakt der Katze kommen.
Niemals darf verschimmeltes Obst verfüttert werden, da schimmelige Stellen toxisch wirkende Stoffwechselprodukte von Schimmelpilzen enthalten.

Vor dem Verfüttern müssen Obstsorten, die über unverdauliche Schalen verfügen, geschält werden (z.B. Bananen). Andere Sorten, wie Äpfel können mit der Schale püriert werden (vorausgesetzt, sie sind nicht gespritzt oder anderweitig chemisch behandelt).

Früchte, die Steine enthalten (Steinfrüchte) und Obst, welches Kerne enthält (Kernobst), sollte vor dem Verfüttern davon befreit werden. In Steinen und Kernen von Obst steckt die giftige Blausäure, die tödlich wirken kann.

Beim Kauf von Obst muss ebenso wie beim Gemüse darauf geachtet werden, dass das Obst nicht mit Spritzmitteln belastet ist. Auch beim Obstkauf für die Katze empfiehlt sich der Kauf aus biologischem Anbau.

Folgende Früchte können gut an die Katze verfüttert werden: Ananas, Äpfel, Aprikosen, Bananen, Birnen, Brombeeren, Erdbeeren, Feigen, Grapefruit, Hagebutten, Heidelbeeren, Himbeeren, Honigmelone, Johannisbeere, Kakifrucht, Kirsche, Kiwi, Litschi, Mandarine, Mango, Mirabellen, Nektarinen, Papaya, Pfirsich, Pflaumen, Stachelbeeren, Wassermelone, Zitrone.

Ungeeignet sind: Holunderbeeren, Kapstachelbeeren, Karambole, Weintrauben und Quitten.

Vorbereiten des Gemüses/Obstes für die Katzenfütterung:
Wie im vorigen Kapitel kurz erwähnt, muss das Gemüse/Obst für die Katze vor der Verfütterung zerkleinert werden. Am besten wird es hierfür fein gerieben oder püriert.
Alle Gemüsesorten, die ich im Kapitel Gemüse aufgelistet habe, können verfüttert werden. Ebenso alle Obstsorten.

Besonders wichtig bei der Umstellung auf die Gemüseportion ist ZEIT. Am Anfang sollte nicht gleich mit einer großen Anzahl verschiedener Gemüsesorten begonnen werden. Es reicht völlig aus, mit nur einer Sorte zu beginnen, dann wieder zu einer anderen zu wechseln oder auch mal zwei Gemüsesorten zusammen zu füttern. So kann mit der Zeit die Anzahl der Sorten gesteigert werden.

Da es die Zeit der meisten Katzenhalter nicht zulässt, jeden Tag eine Gemüsemahlzeit für den Stubentiger frisch zuzubereiten, kann die Gemüseration auch auf Vorrat hergestellt werden. Die Gemüseportion für die Katze kann vorbereitet, püriert und in kleinen Portionen eingefroren werden. Die tägliche Zubereitung des Katzenfutters stellt somit kein zeitliches Problem mehr dar.

Pürieren:

Das Pürieren des Gemüses und Obstes kann mit Pürierstab, Fleischwolf, der Küchenmaschine oder dem Entsafter geschehen. Beim Entsafter fügt man nach dem Vorgang des Entsaftens den Saft und die festen Fasern wieder zusammen. Der Pürierstab ist nach der Anwendung besonders leicht zu reinigen und daher mein Favorit. Er muss allerdings von guter, stabiler Qualität sein.
Vor dem Püriervorgang werden Obst und Gemüse in kleine Stücke geschnitten.

Um das Pürieren mit Pürierstab oder der Küchenmaschine zu erleichtern, empfiehlt es sich, dem zu pürierenden Gemüse einen Schuss Flüssigkeit beizugeben. Hierfür kann man Wasser verwenden oder auch einen Obst- oder Gemüsesaft, z.B. Karottensaft.

Reiben:

Mit einer feinen Reibe kann das Gemüse und Obst auch für die Katze gerieben werden. Wichtig ist nicht die grobe Reibe zu wählen, sondern wirklich die ganz feine. Das Gemüse muss wie püriert aussehen. Es entsteht ein Gemüsebrei.

Ist das Gemüse zerkleinert, kann es direkt frisch dem Futter beigemischt oder für den späteren Verbrauch tiefgefroren werden.

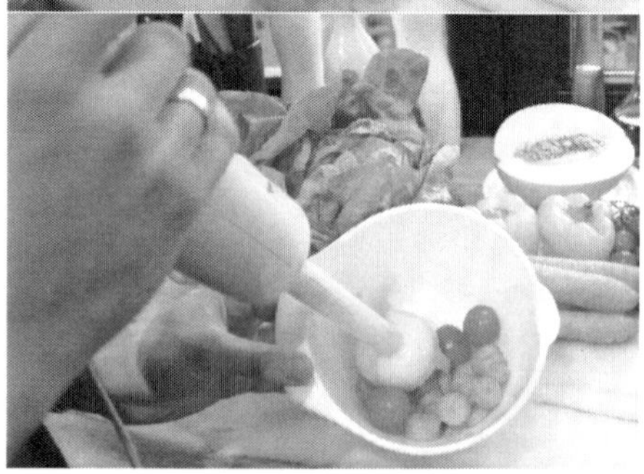

Portionieren und Einfrieren des Gemüses:
Da viele Katzen ihr Futter nicht mehr fressen, wenn Fleisch zusammen mit Gemüse/Obst eingefroren wurde, sollte das Gemüse/Obst getrennt vom Fleisch eingefroren werden.

Dazu sollte man das Futter zunächst portionieren. Dazu gibt man die pürierte/geriebene Gemüsemasse in Eiswürfelbereiter (z.B. aus Kunststoff) o.Ä. und lässt sie anfrieren. Für eine Portion Gemüse reicht etwa ein halb gefüllter „Eiswürfel".
Sind die Gemüsewürfel fest geworden, können sie alle zusammen in eine Dose oder einen Gefrierbeutel gegeben werden. Je nach Bedarf kann man dann die Gemüsewürfel einzeln aus dem Beutel entnehmen, auftauen lassen und dem Futter der Katze beifügen.

MILCHPRODUKTE

Milchprodukte zählen nicht zur natürlichen Ernährung der Katze, obwohl in vielen Köpfen noch die Milch schleckende Katze verankert ist und streunenden Katzen gut gemeint ein Schälchen Milch hingestellt wird.
Die meisten erwachsene Katzen sind aufgrund eines Enzymmangels (das Fehlen der Laktase) nicht in der Lage die Laktose, den Milchzucker, in der Milch zu verdauen. Folge sind dann Blähungen und Durchfall.
Nur für Katzen im Alter bis zu 3 Monaten gehört die Milch zur natürlichen Nahrung und sie sind deshalb in der Lage diese zu verwerten.
Zudem ist die Milch jeder Art auf den Nachwuchs ausgerichtet und nur für diesen bestimmt. Daher ist Kuhmilch für die Katze (und natürlich für uns auch) artfremd und somit nicht gesund. Eine große Anzahl Menschen vertragen keine Kuhmilch.

Angesäuerte Milchprodukte wie Joghurt, Quark, Kefir und Buttermilch oder Hüttenkäse enthalten keine Laktose und werden von der Katze zwar vertragen, gehören aber nicht zu einer gesunden, artgerechten Ernährung.
Katzenmilch, die heute in Tierfutterläden angeboten wird, ist laktosefrei und führt daher nicht zu Durchfall. Wer der Katze unbedingt ein Schälchen Milch kreden-

zen möchte, sollte auf laktosefreie Milch (gibt es auch für Menschen mit Laktoseintoleranz) bereitstellen. Wichtig hierbei ist, dass Milch kein Ersatz für ein
Schälchen mit frischem Wasser ist.

KRÄUTER

In meinem Buch „Natural Dog Food – Rohfütterung für Hunde" empfehle ich die Fütterung von frischen Kräutern, die natürlich auch Wirkungen im Sinne der Heilkräuter aufweisen. Im Hundebereich rate ich gerne zu der Zugabe von frischen Kräutern und gemahlenen getrockneten Kräutern.
Bei der Rohfütterung der Katze rate ich grundsätzlich ab, Kräuter zu verfüttern ohne hierbei dem Rat eines Tierarztes oder Tierheilpraktikers zu folgen, der die Verfütterung bei bestimmten Erkrankungen empfiehlt.
Katzen reagieren äußerst sensibel auf ätherische Öle, die in vielen Pflanzen (Heilkräutern) vorhanden sind. Besonders bei frischen Kräutern liegt der Gehalt an ätherischen Ölen recht hoch. Vor allem Thymian und Oregano haben eine toxische Wirkung auf die Katze, da Katzen nicht in der Lage sind, diese zu verstoffwechseln. Ihrem Organismus fehlt die Fähigkeit der Glucuronidierung. Das heißt, die Ausscheidung der giftigen Stoffe geschieht nur sehr langsam, so dass sich die Toxine im Körper der Katze ansammeln können und es zu einer Vergiftung kommt.
In diesem Zusammenhang muss auch auf ätherische Öle zur Raumbeduftung eingegangen werden, die in Katzenhaushalten vermieden werden sollten.
Katzen, die als Freigänger ihren Auslauf genießen dürfen, nehmen benötigte Pflanzen selbständig und instinktiv ohne das Zutun des Halters auf. Ihnen müssen demnach auch keine Kräuter zusätzlich angeboten werden.
Eine Möglichkeit diese Situation auch für die Wohnungskatze zu simulieren, bietet ein z.B. auf dem Balkon oder der Fensterbank angelegter Kräutergarten für die Katze. Er kann z.B. aus folgenden Pflanzen bestehen: Katzenminze, Römische Kamille, diverse Grassorten, Petersilie. Bitte achten Sie darauf, dass die Katze dennoch nicht zu viel davon aufnimmt.

Folgende „Kräuter" kann die Katze allerdings bedenkenlos angeboten bekommen:

Katzenminze:

Ob als getrocknete Blätter in Spielzeugen oder über das Futter gestreut – viele Katzen lieben Katzenminze. Das ist wohl auf ihre berauschende Wirkung zurückzuführen. Für die Fütterung, besonders um das Futter schmackhafter zu machen, können 1-2 Prisen unter das Futter gemischt oder darüber gestreut werden.
Als Topfpflanze der Katze angeboten, knabbert und schnuppert die-

se meist daran, schnurrt und wälzt sich, was von Wohlbefinden zeugt.

Katzengras:
Das Katzengras hilft der Katze die Haare, die durch die Reinigung des Fells mit der Zunge in den Verdauungstrakt gelangt sind, zu binden und durch Hervorwürgen nach draußen zu befördern. Härtere Grassorten erfüllen diesen Zweck auch und werden von Freigängern dazu genutzt.
Auch als Ballaststoff dient Katzengras der Katze in gewissem Maße und fördert die Verdauung.
Katzengras kann man selber anpflanzen oder schon fertig gezogen im Handel kaufen. Bei der Pflege ist darauf zu achten, es immer durch Besprühen leicht feucht zu halten sowie es an einen hellen Ort auf der Fensterbank zu stellen.
Auch der selbst gepflückte „Grasstrauß“ von der Wiese, der in einer Minivase seinen Platz findet, wird von einigen Katzen gerne angenommen.

Ballaststofftabelle:

Die Angaben der Ballaststoffwerte stammen aus der GU Nährwerttabelle sowie aus „Nährwerte auf einen Blick“ aus dem Honos Verlag. Betrachtet man die Werte aus anderer Literatur, so sollte man sowohl die angegebenen Ballaststoffwerte als auch die Angaben unter Kohlenhydraten addieren. Für Katzen dienen auch die Kohlenhydrate mehr zu den unverwertbaren Ballaststoffen.
Auch sollte man beachten, dass für die Katze z.B. Karotten geraspelt eine ganz andere Verwertbarkeit besitzen. Denn auch wenn Karotten einen relativ geringen Ballaststoffwert besitzen, so können sie grob geraspelt dennoch recht gut in der Katzenfütterung als Ballaststoff genutzt werden.

Ballaststoffgehalt der Lebensmittel

Lebensmittel	Ballaststoffgehalt	Lebensmittel	Ballaststoffgehalt
Amaranth	56,8	Reisflocken	74,1
Dinkelkleie	62,8	Roggenflocken	71
Gerstenflocken	67,3	Roggenkleie	63,8
Gerstenschrot	73,8	Roggengrieß	76,1
Gerstengraupen	75,6	Weizengrieß	75
Grünkernschrot	71,8	Weizenkleie	63,4
Haferflocken	67,7	Sesam	21,4
Haferkleie	58,5	Leinsamen	35
Haferschrot	65,6	Kokosnussraspel	30,4
Hefeflocken	34	Kürbiskerne	38,6
Hirse	72,8	Karotten	8,2
Hirseflocken	72,9	Karottenflocken	74,8
Maisflocken	83	Rote Beete	10,9
Quinoa	65,1	Zucchini	3,3
Reis	76,3	Kürbis	7,2

ROSÉE DES SALINS
LE SAUNIER DE
Savoir-Faire

ERGÄNZUNGSFUTTERMITTEL

Bei den Katzen-Rohfütterern werden die Ergänzungs- bzw. Zusatzfuttermittel oft als Supplemente oder liebevoll „Suppies" bezeichnet.
Die Ergänzungsfuttermittel ergänzen die Fleischportion und sollen die Versorgung der Katze mit den von ihr benötigten Nährstoffen gewährleisten bzw. ein Beutetier, eine Maus, imitieren. Leider enthalten die Fleischsorten, die uns zur Fütterung der Katze zur Verfügung stehen nicht die Zusammensetzung einer Maus. So ist hier z.B. der Tauringehalt zu erwähnen. Mäuse enthalten sehr viel Taurin, wohingegen Rind- bzw. Geflügelfleisch nur geringe Mengen Taurin enthält. Taurin müssen wir also in jedem Fall ergänzen. Leider ist dies nur durch die zusätzliche Gabe chemisch hergestellten Taurins möglich. Obwohl auch Herzmuskelfleisch und Meeresfrüchte viel Taurin enthalten, können wir nicht die benötigten Mengen füttern, um den Bedarf der Katze zu decken. So müssen wir, weil wir keine Mäuse füttern, Taurin dem Futter beigeben.
Da das Fleisch nicht mehr frisch ist, fehlen ihm Mineralstoffe und Vitamine. Diese müssen wir ebenfalls ersetzen. Weil das Fleisch, welches wir verfüttern ausgeblutet ist, fehlen wichtige Mineralien und Flüssigkeit im Futter der Katze. Enthält das Fleisch keine Knochen, fehlt wichtiges Kalzium, bei fettarmem Fleisch fehlen wichtige Fettsäuren u.s.w.
Dies alles müssen wir bei der Zubereitung des Katzenfutters beachten. Anliegen ist es, so natürlich wie möglich zu supplementieren. Welche Teile des Beutetieres durch welche Nahrungsmittel ersetzt werden, zeigt die Grafik auf Seite 46 sehr anschaulich.

Folgende Ergänzungen sind zusätzlich zum Fleisch und den Ballaststoffen nötig:

Aminosäuren: Taurin
Vitamine: A, E, D, B-Komplex
Fett: Fett, Fettsäuren: Arachidonsäure, Linolsäure
Mineralien: Kalzium, Natrium/Chlorid, Eisen, Jod
Flüssigkeit: Wasser

Aminosäuren:

Taurin:

Taurin kann der rohfütternde Katzenbesitzer in der Apotheke oder in Internetshops, die Ergänzungsfuttermittel für die Katze vertreiben, bestellen. Meist ist es in der Apotheke um ein vielfaches teurer. Beim Einkauf im Internet kommen aber noch Versandkosten hinzu. Ein Vergleich lohnt sich also. Dabei ist Taurin sehr ergiebig. 200 g des weißen Pulvers reichen für eine Katze über ein Jahr lang.
Der Bedarf der Katze wird in der Regel mit ca. 200 mg pro Tag bzw. 30 mg pro kg Körpergewicht der

Katze angegeben. Viel zu gering, wie ich finde.

Dazu eine kleine Rechnung:
Eine Maus wiegt ca. 30 g. 100 g Maus enthalten etwa 240 mg Taurin. So enthält eine Maus ca. 72 mg Taurin. Das macht pro Tag, bei durchschnittlich 12 Mäusen, eine Taurinaufnahme von 864 mg bei der Katze. Somit ist der empfohlene Bedarf von 200 mg sehr niedrig angesetzt. Ich empfehle eine Taurin-Supplementierung von 350-500 mg pro Tag und Katze bzw. ca. 120 mg pro Kilogramm Körpergewicht der Katze. Das macht bei einer Katze von 3,5 kg etwa 420 mg pro Tag.

Zusätzliches Taurin nimmt die Katze auch mit dem gefütterten Fleisch auf, so dass wir dem Wert bei reiner Mäusefütterung näher kommen.
In den Fertigfuttermitteln ist Taurin nur in den absoluten Mindestmengen zugefügt, da es für die Futterindustrie teuer ist. Der verantwortungsbewusste Katzenhalter hingegen kann sich die Fütterung von Taurin problemlos leisten. 100 g Taurin kosten zwischen 10 und 15 Euro. Das heißt, die Tagesration kostet etwa 7 Cent pro Katze. Macht im Monat keine 3 Euro pro Katze. Das ist für jeden bezahlbar. (Und wenn nicht, kann auch weniger Taurin verfüttert werden, siehe oben.)

In der Rohfütterung rechnet man sich den Bedarf wie oben beschrieben zusammen und füttert ihn ohne den Tauringehalt im Fleisch zu beachten (Hierzu liegen viel zu wenig brauchbare Werte vor). Wie bereits erwähnt, enthalten Mäuse noch mehr Taurin und überschüssiges Taurin wird wieder ausgeschieden. Studien besagen, dass keine negativen Auswirkungen von supplementiertem Taurin bei der Katze bekannt oder zu erwarten sind.

Auch Katzen, die mit herkömmlichen Futtersorten ernährt werden, profitieren also von zusätzlichen Tauringaben und danken es Ihnen mit gesteigertem Wohlbefinden, schönerem Fell (weniger Haarverlust) und besserer Gesundheit. Überdosiertes Taurin wird von der Katze wieder ausgeschieden, was allerdings nicht heißen soll, dass man es mit der Tauringabe übertreiben sollte.

Taurin ist wasserlöslich. Vor der Verfütterung an die Katze sollte es mit Wasser angemischt werden, da es ein wenig sauer ist und sonst die Schleimhäute der Katze leicht reizen könnte.

Das angemischte Taurin kann dem Futter der Katze problemlos vor dem Einfrieren beigemischt werden oder aber kurz vor dem Verfüttern untergemischt werden.

Taurin sollte allerdings nicht erhitzt werden. Dadurch würde seine Bioverfügbarkeit leiden.

Taurin ist sehr lange lagerungsfähig. Voraussetzung ist, dass es trocken gelagert wird, es bilden sich sonst kleine Klumpen.

Fettsäuren:

Fette:

Da das Fleisch, welches wir der Katze verfüttern, mehr oder weniger fettarm ist, empfiehlt es sich zusätzlich Fett dem Futter beizugeben. Tierisches Fett ist für Katzen besser verwertbar als pflanzliche Fette.
Besonders geeignet ist Gänse- oder Schweineschmalz. Keine Angst vor der Verfütterung von Schweineschmalz, das Fett des Schweins wird für die Produktion von Schmalz so stark erhitzt (ca. 130 °C), so dass die Aujeszky-Viren diese Prozedur keinesfalls überleben.

Gerade das Schweineschmalz hat ein gut ausgeglichenes Fettsäurenverhältnis. Besonders interessant für die Katze ist sein hoher Gehalt an Arachidonsäure. Arachidonsäure ist für Katzen essentiell und muss mit dem Futter zugeführt werden.

Die meisten Katzen lieben Gänseschmalz. So kann es bei mäkeligen Katzen Verwendung finden und als Appetitanreger fungieren.

Beim Kauf ist darauf zu achten, dass keine Gewürze beigemischt sind. Schmalz mit Gewürzen ist für die Katzenfütterung ungeeignet.

Sinnvoll ist es, das Schmalz vor dem Untermischen in die Futterportion zu erwärmen und es somit flüssig zu machen. Es lässt sich so leichter verarbeiten und gleichmäßig verteilen. Entstehen dabei kleine Klumpen mögen das viele Katzen nicht. Hier kann manchmal das Vermischen mit anderen Ergänzungsfuttermitteln wie Gemüse oder Öl helfen und das Schmalz für die Katze appetitlicher machen. Möglich ist auch ein Pürieren des flüssigen Schmalzes zusammen mit etwas gewolftem Fleisch.

Auch Rindertalg oder Hühnerfett kann an die Katze verfüttert werden.

Bei der Gabe von Fett muss darauf geachtet werden nicht zu viel Fett zu verfüttern. Größere Mengen Fett können Durchfall bei der Katze auslösen.

Bei der Herstellung der Futterportion kann man sich anhand der Nährwerttabelle ausrechnen, wie viel Fett zusätzlich der Futterportion beigegeben werden sollte.
Das können durchaus 60-80 g Fett (z.B. Schmalz) auf 1 kg mageres Fleisch sein. Mageres Fleisch ist z.B. Hühner- oder Putenbrust ohne Haut; als fetthaltiges Fleisch wird Rind oder Lamm bezeichnet.
Wenn von der Katze das Schmalz nicht akzeptiert wird, füttert man abwechselnd fetthaltige und weniger fetthaltige Fleischsorten. Es muss dann kein zusätzliches Fett

gefüttert werden. Fettes Fleisch ist z.B. Geflügelbrust mit Haut, z.B. Entenbrust. Auch Rinderbrust ist stark fetthaltig. Abwechselnd mit magerem Fleisch wie Geflügel ohne Haut schafft dies einen guten Ausgleich.
Durchschnittlich 6-8% Fettgehalt sollte die Futterportion der Katze aufweisen. Wieviel Gramm dem Fleisch in etwa zugegeben werden, zeigt die Tabelle. Wie der Fettgehalt genau berechnet wird, ist im Kapitel „Berechnung der Rezepte" zu finden.

Öle:

Auch Öle können in die Katzenfütterung integriert werden. Es gibt eine Anzahl Fettsäuren, die für den Körper der Katze essentiell sind. Alpha-Linolensäure, Linolsäure, Arachidonsäure und Gamma-Linolensäure gehören zu den wichtigsten Vertretern dieser Fettsäuren. Die Fettsäuren lassen sich in Omega-3- und Omega-6-Fettsäuren einteilen. Dies sind mehrfach ungesättigte Fettsäuren, die für die Gesundheit der Katze eine besonders große Rolle spielen.

Omega-3- und Omega-6-Fettsäuren sollten immer in einem bestimmten, ausgewogenen Verhältnis zueinander stehen, da sie antagonistisch (als Gegenspieler) wirken. Da die Katze mit der Rohfütterung viele Omega-6-Fettsäuren aus dem Fleisch aufnimmt, ist es wichtig, ihr mit der Beigabe von Öl die wichtigen Omega-3-Fettsäuren zuzuführen. Aus diesem Grund müssen Öle gewählt werden, die über einen erhöhten Gehalt an Omega 3 verfügen und einen niedrigen Gehalt an Omega-6-Fettsäuren aufweisen.

Besonders gehaltvoll an Omega-3-Fettsäuren ist Fischöl, wie Lachsöl, aber auch in einigen pflanzlichen Ölen sind viele der Omega-3-Fettsäuren vorhanden z.B. in Leinöl, Hanföl, Rapsöl und Walnussöl.
Da die Katze allerdings nur wirklich geringe Mengen benötigt, sollte auf beste Qualität geachtet werden. Es ist zudem leider nicht nachgewiesen, ob Katzen die Fettsäuren in pflanzlichen Ölen überhaupt entsprechend verwerten können. So sollte daher dem tierischen Fett der Vorzug gegeben werden wie beispielsweise dem Lachsöl. Es kann das Futter der Katze sinnvoll ergänzen.

Auch Ölmischungen, die Nachtkerzenöl (40 ml) Lachsöl (10 ml) und Vitamin E (2,1 ml) enthalten, sind bei Rohfütterern z.B. als Kuranwendung beliebt. Empfohlen wird eine Dosierung von 4 Tropfen pro Tag pro Katze.

Lachsöl:

Lachsöl ist nicht sehr lange haltbar und es darf grundsätzlich nur einwandfreies Öl an die Katze verfüttert werden. Um dieser Problematik entgegen zu wirken, kann in der Katzenfütterung Öl aus Lachsölkapseln verwendet werden. Kapseln sind weitaus lagerungsfähiger als Öl in Flaschen, welches nach spätestens 8 Wochen verbraucht sein sollte.
Da man bei einer Katze nur geringe Mengen braucht, lohnt es sich die benötigte Menge Öl aus den Kapseln auszudrücken und dem Katzenfutter beizumischen. Je nach Hersteller sind zwischen 500 und 1.000 mg Lachsöl in einer Kapsel enthalten. 1000 mg (= 1 g) sind ausreichend für 1 kg Katzenfutter.
Lachsöl in Flaschen oder Kapseln enthält meist zusätzliches Vitamin

E, um der Oxidation vorzubeugen. Das Vitamin E muss nicht in der Berechnung der verfütterten Vitamin E Menge eingerechnet werden. Ungesättigte Fettsäuren (und Lachsöl enthält viele davon) behindern die Aufnahme von Vitamin E. Infolgedessen muss der Körper mehr Vitamin E aufnehmen und somit gleicht sich der Gehalt wieder aus.
Lachsöl ist besonders gut für das Fell der Katze. Katzen, die Lachsöl dem Futter beigemischt bekommen, erhalten schöneres Fell und auch ein geringerer Fellverlust macht sich bemerkbar.
Lachsöl ersetzt allerdings nicht die Fütterung von Fisch (Lachs), der vorrangig für die Vitamin-D-Versorgung verfüttert wird. Lachsöl dient also nicht der Versorgung mit Vitamin D.

Vitamine

Die Vitamine wurden bereits im Kapitel Grundlagen der Ernährungslehre genau beschrieben. Wichtig für die Katze sind vor allem die Vitamine A, D und E, allesamt fettlösliche Vitamine sowie der Vitamin-B-Komplex.
Fettlösliche Vitamine dürfen nicht übermäßig in der Futterportion der Katze vorkommen, da sie bei Überdosierung nicht wieder ausgeschieden werden können, noch dürfen sie in viel zu geringen Mengen gefüttert werden.
Vitamin C und der Vitamin-B-Komplex sind wasserlöslich, das heißt sie können nicht in dem Maße wie die fettlöslichen Vertreter der Vitamine vom Körper gespeichert werden.
Die Vitamine A, D und E werden meist in IE (= Internationale Einheiten) angegeben.
Die IE sind für jeden Stoff anderes berechnet, siehe unten.

Vitamin A

Die Versorgung der Katze mit Vitamin A geschieht über die Verfütterung von Leber.
1 g Hühnerleber enthält z.B. 128 myg Vitamin A. So sollte jedes zubereitete Kilo Katzenfutter etwa 30-50 g Leber enthalten (am besten Bio-Leber!), um den Bedarf der Katze zu decken. Die genaue Berechnung der Leber wird ausführlich im Kapitel Berechnung der Rezepte erklärt.
Von welchem Tier die gefütterte Leber stammt, spielt keine allzu große Rolle.

Auch Eigelb enthält viel Vitamin A. 1 mittelgroßes Eigelb (etwa 19 g) enthält ca. 168 myg Vitamin A. Zur Deckung des Vitamin-A-Bedarfs müsste ca. jeden 2. Tag ein Eigelb das Futter ergänzen.

Auch die Verfütterung von Leberpulver ist denkbar. 120 g Rinderleberpulver entspricht etwa einem ganzen kg frischer Leber vom Rind. Das heißt 100 g frische Leber könnten durch 12 g Leberpulver ausgetauscht werden. Für Katzen, die keine frische Leber fressen wollen eine Möglichkeit; ansonsten bitte frische Leber verfüttern.

Das Angebot an Vitamin A im Futter der Katze sollte höher liegen als der Bedarf der Katze daran. Rund fünf Mal höher als die Bedarfswerte dürfen die angebotenen Mengen an Vitamin A für die Katze sein.
Angaben zu Vitamin A werden in der Regel in IE ausgedrückt. 1 myg = 3,33 IE.

Vitamin B

Bei den wasserlöslichen Vitaminen können vor allem die B Vitamine gut ergänzt werden. Am einfachsten funktioniert dies mit der Fütterung von Bierhefe(-flocken). Bierhefe gibt es in der besten Qualität im Bioladen. Sie ist zwar etwas teurer als z.B. im Drogeriemarkt aber empfehlenswerter. Bierhefe wirkt sich positiv auf das Fell der Katze aus, sollte aber nicht an Katzen, die unter CNI leiden verfüttert werden, da Bierhefe viel Phosphor enthält. Bei nierenkranken Katzen sollte der Phosphorgehalt der Nahrung aber so niedrig wie möglich gehalten werden.
B-Vitamine sollte man bei der nierenkranken Katze in anderer Form (z.B. Vitamin-B-Komplex von Hevert, Pflüger, Ratiopharm oder einem anderen Arzneimittelhersteller) verfüttern (genauere Infos erfragen Sie in der Apotheke oder beim Tierarzt oder Tierheilpraktiker), da diese Katzen B-Vitamine genauso benötigen. Leider ist in vielen Präparaten Vitamin C oder A beigemischt, weswegen diese nicht für die Katzenfütterung in Frage kommen.
Auch Allergien auf Bierhefe kommen vor. Hier sollte bei sehr empfindlichen, getreideallergischen Katzen auf die Fütterung von Bierhefe verzichtet werden.
Die Bierhefeflocken können problemlos unter das Futter gemischt werden. Entweder bei der Zubereitung der größeren Futterportion oder täglich frisch. Man rechnet mit ¼ bis ½ TL pro Tag pro Katze bzw. 2 g auf 1 kg Fleisch.
Alternativ können Bierhefetabletten gemörsert werden. Etwa 15-20 Stück pro kg Fleisch.

Analyse Bierhefe:

Energie: 346 kcal, Protein: 45.000 mg, Fett: 4.200 mg, Asche: 7.894 mg, Vitamin E: 100 myg, Vitamin H: 20 myg, Vitamin B1: 13.000 myg, Vitamin B2: 4.000 myg, Vitamin B3: 40.000 myg, Vitamin B5: 8.000 myg, Vitamin B6: 4.300 myg, Vitamin B9: 746 myg, Vitamin B12: 20 myg, Natrium: 80 mg, Kalium: 1.410 mg, Kalzium: 50 mg, Magnesium: 230 mg, Phosphor: 1.800 mg, Schwefel: 350 mg, Chlor: 400 mg, Eisen: 17.500 myg, Zink: 8.000 myg, Kupfer: 3.300 myg, Mangan: 530 myg, Fluor: 200 myg, Linolsäure: 2.100 mg, Linolensäure: 12 mg

Biotin

Biotin ist ausreichend in der Bierhefe enthalten, die wir verfüttern, zudem außerdem in Fleisch und Leber. Wir müssen nicht zusätzlich ergänzen.

Vitamin C

Die Katze benötigt keine zusätzlichen Vitamin-C-Gaben, da sie das Vitamin C selbst herstellen kann.

Vitamin D

Die Versorgung mit Vitamin D kann über die Verfütterung von Lachs gedeckt werden.
Lachs enthält viel Vitamin D (1 g Lachs enthält 0,08 myg Vitamin D).
So decken ca. 200 g Lachs pro Monat den Bedarf der Katze. Dazu kann der Lachs unter die große Futterportion gemischt werden oder 1-2 Mal im Monat eine Portion Lachs alleine verfüttert werden. Frisst die Katze konsequent keinen Lachs kann im Notfall auf ein Vitamin-D-Ergänzungsmittel (ohne Kalzium!) zurückgegriffen werden. Besser ist es allerdings, wenn die Katze langsam an den Fisch gewöhnt wird. Aus pflanzlichen Quellen kann die Katze ihren Bedarf an Vitamin D leider nicht decken, da diese Vitamin D2 liefern, die Katze aber auf die Vitamin-D3-Zufuhr angewiesen ist.
Das Angebot an Vitamin D im Futter der Katze sollte höher liegen als der Bedarf der Katze daran. Rund doppelt so hoch als die Bedarfswerte dürfen die angebotenen Mengen an Vitamin D für die Katze sein.

Umrechnung:
1 IE = 0,025 myg Vitamin D
1 myg Vitamin D = 40 IE

Vitamin E

Vitamin E kann der Katze z.B. in Form von Weizenkeimöl beigefüttert werden. Auch eine Fütterung von Vitamin-E-Kapseln (die man vor dem Untermischen in die Futterportion ausdrückt) ist möglich. In der Apotheke oder im Reformhaus gibt es auch Vitamin-E-Tropfen (Hersteller Allcura), die aus pflanzlichen Quellen gewonnen wurden (Soja, Weizenkeime etc.). Sie sind überdies günstiger als die Verfütterung von Weizenkeimöl. 30 ml kosten etwa 10 Euro. Das reicht für einige Monate und viele kg Fleisch. Haltbar sind die Tropfen etwa 2 Jahre.

Eine Katze benötigt etwa 2 mg Vitamin E pro Tag pro Kilogramm Körpergewicht.
In 100 g Weizenkeimöl sind etwa 150 mg Vitamin E enthalten. Das bedeutet eine Katze benötigt etwa 3-4 g Weizenkeimöl pro Tag bzw. ca. 30 g auf 1 kg Futter.
1 Tropfen Vitamin-E-Tropfen enthält 20 mg Vitamin E. Eine Katze von 3,5 kg benötigt demnach davon etwa 2-3 Tropfen auf 1 kg Futter.
Umrechnung:
1 IE = 0,67 mg Vitamin E
1 mg = 1,49 IE

Vitamin K

Vitamin K ist in ausreichender Menge im Fleisch enthalten bzw.

wird von der Katze selbst synthetisiert. Es muss nicht extra zugefügt werden. Besonders im Herzmuskelfleisch befindet sich viel Vitamin K. Genaue Analysewerte sind aber nicht erhältlich. Wenn wir allerdings 10-30% Herz in unseren Rezepten verfüttern, müsste der Vitamin-K-Bedarf ausreichend gedeckt sein, vor allem weil auch andere Fleischsorten Vitamin K enthalten.

Mineralien:

Das wichtigste Mineral, das wir in der natürlichen Katzenernährung ergänzen müssen, ist wohl das Kalzium. Weitere Mineralstoffe können wir mit der Verfütterung von Blut oder Salz supplementieren.

Kalzium:

Kalzium muss vorrangig in der Fütterung mit Natural Cat Food ergänzt werden, da Fleisch viel Phosphor enthält und auf ein gutes Kalzium-Phosphor-Verhältnis Wert gelegt werden muss.

Kalzium-Phosphor-Verhältnis:

Das Kalzium-Phosphor-Verhältnis sollte 1,15:1 betragen. Die Berechnung des Kalzium-Phosphor-Verhältnisses ist im Kapitel Berechnung der Rezepte genau erklärt.

Deckung des Kalziumbedarfes:

Der Kalziumbedarf kann durch unterschiedliche Futterbestandteile gedeckt werden. Am besten und natürlichsten ist es, wenn die Möglichkeit besteht, ihn hin und wieder durch die Fütterung von Knochen abzudecken. Bei der Fütterung von 1/3 der Futtermenge an fleischigen Knochen wie Hühnerhälse und Hühnerflügel muss kein Kalzium zusätzlich gefüttert werden.
Werden keine oder nur sehr wenig Knochen verfüttert, so sollte abwechselnd mit Kalziumzitrat, Kalziumkarbonat, Eierschalen und Knochenmehl supplementiert werden.
Da bei der Fütterung von Knochen zur Kalziumversorgung die Kalzium- und Phosphorwerte im Futter recht hoch sind, sollte lieber nur jedes zweite Rezept mit Knochen berechnet werden und so abwechselnd Knochen und andere Kalziumquellen in der Fütterung zum Einsatz kommen.

Knochen

Werden Knochen verfüttert, so sollten diese bzw. die Menge der fleischigen Knochen 1/3 der Gesamtfuttermenge nicht übersteigen. Bei 1/3 Knochenfütterung muss kein zusätzliches Kalzium verfüttert werden. (Leider liegen keine genauen Analysewerte von Hühnerhälsen und Hühnerflügeln mit Knochen vor.)
Werden weniger Knochen verfüttert, muss die Futtermenge noch zusätzlich mit einer anderen Kalziumquelle ergänzt werden. Pro Gramm Hühnerflügel oder Hüh-

nerhals muss ca. 3 g Fleisch nicht mehr zusätzlich supplementiert werden. Der Rest wird, wie bei den entsprechenden Kalziumquellen beschrieben, supplementiert.
Bei der Fütterung von Knochen muss weniger Salz (etwa die Hälfte) gefüttert werden, da Knochen viele Salze bzw. Mineralien enthalten.
Nierenkranke Katzen sollten sehr wenig bis gar keine Knochen erhalten. Knochen beinhalten zu viel Phosphor, welches in der nierenschonenden Diät reduziert werden sollte.

Eierschalen

Eierschalen enthalten viel Kalziumkarbonat und können als natürliche Kalzium-supplementierung gesehen werden. Vor der Verfütterung an die Katze müssen die Eierschalen fein zermahlen werden. Das geht einfach im Mörser oder einer alten Kaffeemühle.
100 g Eierschalen enthalten zwischen 33.000 und 35.000 mg Kalzium = 33-35 g. 1 g Eierschale enthält also 330-350 mg Kalzium.
Die Schale eines Eies (ca. 6 g) reicht in etwa aus, um 1 kg Fleisch mit Kalzium zu ergänzen. Es ist hierbei unwichtig, ob die Eierschalen roh oder gekocht an die Katze verfüttert werden. Kalziumkarbonat verändert sich nicht durch Erhitzen.
Bio-Eier sind den Eiern aus konventioneller Haltung vorzuziehen.
Bei nierenkranken Katzen sollten am besten nur Eierschalen der Kalziumversorgung dienen. Knochen weisen zu hohe Phosphorwerte auf, die der nierenkranken Katze schaden. Alternativ kann auf Kalziumkarbonat zurückgegriffen werden.

Kalziumkarbonat

Kalziumkarbonat weist in der Regel einen Kalziumgehalt von etwa 40% auf. Das heißt 1 g Kalziumkarbonat enthalten 400 mg Kalzium.
Es wird aus gefälltem Kalzium hergestellt d.h. aus Steinen gewonnen.
Man rechnet mit etwa 5 g Kalziumkarbonat auf 1 kg Fleisch. Somit wird es geringer dosiert als das Zitrat, da es einen höheren Gehalt an reinem Kalzium aufweist.
Kalziumkarbonat sollte bei nierenkranken Katzen bzw. alten Katzen bevorzugt werden.

Kalziumzitrat

Kalziumzitrat wird organisch aus der Zitronensäure gewonnen. Es weist in der Regel einen Kalziumgehalt von 21% auf. 1 g Kalziumzitrat enthält also 210 mg Kalzium.
Somit enthält es weniger reines Kalzium als Kalziumkarbonat und muss entsprechend höher dosiert werden. Man rechnet mit 9 g auf 1 kg Fleisch um ein ausgewogenes Kalzium-Phosphor-Verhältnis herzustellen. Da die Fleischsorten allerdings unterschiedlich hohe Phosphatwerte aufweisen, ist dies nur ein grober Richtwert. Kalziumzitrat sollte bei Katzen, die zu Struvitsteinen neigen, verfüttert werden, da es den Harn leicht ansäuert.

Knochenmehl

Knochenmehl gibt man immer zusammen mit einem reinen Calciumsupplement wie z.B. Eierschalen, Kalziumkarbonat oder -zitrat. Das Verhältnis von Knochenmehl zu einem anderen Kalzium-Supplement sollte bei 50:50 liegen.
Es gibt unterschiedliche Knochenmehle die sich durch ihren Gehalt an Kalzium und Phosphor unterscheiden. Die Prozentangaben sind auf der Verpackung deklariert.
Besonders empfehlenswert ist naturreines Knochenmehl mit einem Verhältnis von 56,2% Kalzium zu 41,3% Phosphor. Das heißt 1 g enthält 562 mg Kalzium und 413 mg Phosphor.
Da Knochenmehl nicht nur einen hohen Kalzium- sondern auch einen hohen Phosphoranteil enthält, muss mehr Knochenmehl verfüttert werden, um das Kalzium-Phosphor-Verhältnis herzustellen.
Bei Knochenfütterung sollte kein Knochenmehl zusätzlich gefüttert werden. Nierenkranke Katzen sollten möglichst kein Knochenmehl erhalten.
Kitten und Katzen, die noch nicht den 12. Lebensmonat erreicht haben, haben einen erhöhten Kalzium- und Phosphorbedarf. Knochenmehl ist hier besonders empfehlenswert. 5-7 g können 1 kg Kittenfutter ergänzen.
Wird Knochenmehl verfüttert, kann die Salzmenge um die Hälfte reduziert werden.

Algenkalk

Algenkalk, der aus einer kalkhaltigen Meeresalge gewonnen wird, besitzt etwa einen Kalziumgehalt von 34% sowie ein Kalzium-Phosphor-Verhältnis von 420:1. Das heißt 1 g Algenkalk enthält 340 mg Kalzium.
Man rechnet mit etwa 6 g Algenkalk auf 1kg Fleisch. Algenkalk kann hin und wieder die Fleischportion mit Kalzium ergänzen. Bitte nicht ausschließlich mit Algenkalk supplementieren.

Muschelkalk

Muschelkalk ist Kalziumkarbonat und kann ebenfalls hin und wieder die Fleischportion mit Kalzium ergänzen. Bitte nicht ausschließlich mit Muschelkalk supplementieren. Man rechnet mit ca. 5 g auf 1 kg Fleisch. bzw. mit ca. 40% Kalziumgehalt.

Korallenkalzium

Korallenkalzium bietet 34% bioverfügbares Kalzium. Dafür werden die Sedimente der Korallen, die über die Jahre zu Boden rieseln, genutzt. Auch hiermit kann hin und wieder das Katzenfutter mit Kalzium ergänzt werden. Bitte nicht ausschließlich mit Korallen supplementieren. Man rechnet mit etwa 6 g Korallenkalzium auf 1 kg Fleisch.

Eisen:

Eisen erhält die Katze in der Natur durch die Aufnahme des Blutes ihrer Beutetiere. Es kann in der Rohfütterung durch die Gabe von Rinderblut oder durch die Fütterung von Fortain (getrockneter Blutfarbstoff), Milz oder Eisentropfen supplementiert werden. Je nach Fleischart richtet sich der zusätzliche Bedarf an Eisen. Geflügelfleisch ist z.B. sehr eisenarm und muss entsprechend ergänzt werden.
Der Bedarf der Katze liegt bei 1,5 mg pro kg Körpergewicht der Katze pro Tag.

Blut

Ideal ist es, wenn Blut verfüttert werden kann. Wer Blut kaufen kann, kann es in Eiswürfelbeuteln einfrieren und erhält so viele kleine Portionen zur Ergänzung des Katzenfutters. Wird Blut verfüttert, kann die Salzgabe um 2/3 gekürzt werden.
1 g Rinderblut enthält 490 myg Eisen.

Fortain

Fortain von der Firma Fortan ist der getrocknete Farbstoff des Blutes und eignet sich gut zur Eisenergänzung bei der Katze. Leider ist er in größeren Mengen nicht sehr beliebt bei der Katze und färbt das ganze Futter rotbraun. Erhältlich ist Fortain in Shops, die sich auf Rohfütterung von Katzen spezialisiert haben.
100 g Fortain enthalten 500 mg Eisen. 1 g Fortain enthält folglich 5 mg Eisen.
Eisen ist allerdings auch bereits im Fleisch enthalten. Um auf die 1,5 mg pro kg Körpergewicht der Katze pro Tag zu kommen, muss das Futter entsprechend ergänzt werden. 1 kg Hähnchenbrust enthält z.B. 5 mg Eisen. Siehe unter Berechnung der Rezepte.

Milz

In der Milz wird das Blut produziert. Die Milz der unterschiedlichen Futtertiere enthält viel Eisen. So kann Eisen mit dem Verfüttern von Milz ergänzt werden. Gut erhältlich ist die Milz von Lamm und Rind. Sie können sie beim Metzger Ihres Vertrauens bestellen oder über das Internet in Frischfleisch-Shops beziehen. Allerdings sollten nicht mehr als 10% des Futters aus Milz bestehen. 1 g Milz (Lamm) enthält etwa 418 myg Eisen.

Eisentropfen

Haben Sie keine Möglichkeit, an Blut oder Milz zu gelangen und mag Ihre Katze das Fortain nicht, so kann im Notfall auf Eisentropfen (Ferro Sanol Tropfen) ausgewichen werden. 1 ml = 20 Tropfen = 30 mg Eisen. 1 Tropfen enthält also 0,6 mg Eisen.

Magnesium:

Magnesium ist bereits im Fleisch vorhanden. Vor allem Knochen oder Knochenmehl enthalten sehr viel Magnesium. Aber auch in Bierhefe, Eierschalen und Wasser liegt Magnesium vor.

Da die Bedarfswerte der Katze an Magnesium in der Literatur sehr hoch angegeben werden, sollte man sich lieber an das Verhältnis von Phosphor zu Magnesium in Mäusen halten = 1:0,06.
Dies ist das natürliche Verhältnis, das wir vom Beutetier der Katze übernommen haben. Auf 1 Teil Phosphor kommen 0,06 Teile Magnesium. So liegt man in der praktischen Fütterung meist sowieso über dem Wert des Beutetieres und hat in der Regel mehr Magnesium in der Ration als der Wert von 0,06 vorgibt.

Ich selbst füge dem Futter keine weiteren Magnesiumsupplemente zu. Der Vollständigkeit halber will ich sie hier dennoch erwähnen.

Bei nierenkranken Katzen sollte die Magnesiummenge auf ein absolutes Minimum herunter gefahren werden und in keinem Fall zusätzlich Magnesium supplementiert werden. Es steht im Verdacht Struvitsteine zu begünstigen.

Spirulina
Als Magnesiumsupplement wird oft Spirulina empfohlen.
1 g Spirulina enthält etwa 4-6 mg Magnesium. Katzen fressen es meist nicht gerne und an nierenkranke Katzen sollte es generell nicht verfüttert werden.

Magnesiumgluconat
Magnesiumgluconat enthält 5,9% lösliches Magnesium. Das heißt 1 g Magnesiumgluconat enthält 5,9 mg Magnesium.
An nierenkranke Katzen bitte kein Magnesiumgluconat verfüttern.

Jod :

Zur Supplementierung von Jod im Futter der Katze kann sehr gut das Seealgenmehl dienen.

Seealgenmehl
1 g Seealgenmehl enthält ca. 3,8 mg Jod.
1 g Seealgenmehl reicht für ca. 1-1 ½ Wochen pro Katze.
Leider fressen Katzen Seealgen nicht sehr gerne, aber das ist auch wieder vom individuellen Geschmack Ihrer Katze abhängig.

Natrium, Chlorid:

Salz
Salz dient der Supplementierung von Natrium und Chlorid. Wird kein Blut verfüttert, sollte das Futter der Katze mit Salz ergänzt werden. Hierfür eignet sich Meersalz, Fleur de Sal, Steinsalz oder Himalajasalz. Gewöhnliches Tafelsalz sollte nicht für die Katzenfütterung verwendet werden.
Dem Salz sollte kein Jod zugefügt sein, obwohl die Katze Jod benötigt. Es ist viel zu kompliziert den Jodgehalt des Salzes auszurechnen und auf den Bedarf der Katze an

Salz und Jod anzupassen.
Auf 1 kg Rohfutter rechnen wir ca. 4-5 g Salz. 1 g Salz enthält ca. 400 mg Natrium.
1 TL Salz enthält etwa 2.300 mg Natrium.
Die Katze benötigt ca. 80 mg Natrium pro kg Körpergewicht pro Tag.
Fleisch enthält bereits Natrium und auch in Knochen ist besonders viel Natrium zu finden. Enthält das Futter der Katze Knochen oder wird zusätzlich Knochenmehl gefüttert, kann die Salzmenge auf die Hälfte reduziert werden.
Das Salz kann der gemischten Futterportion beigegeben und mit den restlichen Zutaten zusammen eingefroren werden. Durch das Einfrieren verliert es auch an salzigem Geschmack.
Katzen, die an CNI leiden, sollten weniger Natrium zugeführt bekommen. Bitte besprechen Sie dies mit dem behandelnden Therapeuten.

Wasser:

Das Rohfutter enthält bereits viel Feuchtigkeit. Dennoch sollte zusätzlich Wasser dem Futter beigemischt werden, da Katzen natürlicherweise ihren Bedarf an Wasser über die Nahrung decken.

In der Regel wird ein Feuchtigkeitsgehalt von 75-80% empfohlen. 1 kg Fleisch enthält zwischen 600 und 700 g Wasser.

Auf 1 kg Fleisch plus Supplemente (ca. 1.300 g) geben wir also ca. 300-400 g Wasser dazu um einen Feuchtigkeitsgehalt von 80% zu erhalten.

Das Wasser wird nicht mit eingefroren, sondern zum leichten Anwärmen des Futters täglich dazu gegeben. Also werden jeden Tag etwa 20-40 g Wasser beigemischt.

Fertigsupplemente:

Auf dem Markt sind einige wenige Vitamin- und Mineralstoffmischungen extra für die Katze. Ich selbst stehe der Fütterung von künstlichen Vitaminen sehr skeptisch gegenüber und propagiere die Fütterung mit weitestgehend natürlichen Stoffen. So füttere ich z.B. lieber Leber statt künstliches Vitamin A, bin also für die (so weit es geht) natürliche Supplementierung der Katzenmahlzeiten. Dennoch möchte ich der Vollständigkeit halber die in Frage kommenden Präparate vorstellen. Vielleicht hat der ein oder andere Katzenhalter den Wunsch das Fleisch mit diesen Mitteln zu ergänzen, traut sich nicht so recht an die natürliche Supplementierung heran, die Berechnung ist ihm zu kompliziert, oder die Katze lehnt die natürlichen Ergänzungsmittel ab, was nach Alternativen suchen lässt.

Zurzeit sind folgende Präparate erhältlich: easy B.a.r.F, Vitakalk, Trixie Aufbaukalk, Nekton Cat-M und Catfortan sowie einige amerikanische Präparate bzw. Präparate für den Mensch, die in der Katzenfütterung genutzt werden.

easy B.a.r.F.

Inhaltsstoffe:
Rohprotein 5,2%, Rohfett 0,6%, Rohfaser 0,2%, Rohasche 38,5%
Zusammensetzung: Pektine, Mineralstoff- und Vitaminvormischung

Zusatzstoffe je kg:
Vitamin A 303.000 IE, D3 30.300 IE, E / DL-alpha-Tocopherolacetat 6.780 mg, B1 465 mg, B2 364 mg, B6 320 mg , B12 3030 µg, Biotin 12.000 µg, Folsäure 84 mg, Niacin 3.260 mg, Pantothensäure 900 mg, 10 g Magnesium aus Magnesiumoxid, 128,01 g Natrium aus Natriumchlorid, 3 g Eisen aus Eisensulfat, 0,056 g Jod aus Kalziumjodat, 200 mg Kupfer aus Kupfersulfat, 280 mg Mangan aus Manganoxid, 1.160 mg Zink aus Zinksulfat

Zusätzlich zu easy B.a.r.F. sollten Sie Leber (5%) verfüttern und das Fleisch mit Kalziumergänzungsmitteln (siehe Supplemente) supplementieren.
Auch Salz und Taurin müssen zusätzlich beigegeben werden.

Nekton Cat-M

Inhaltsstoffe:
Rohprotein 9,5%, Rohfett 2%, Rohfaser 0,5%, Rohasche 62%, Kalzium 19,4%, Phosphor 4,0%, Natrium 4%, Zucker, Mineralstoffe, Aminosäuren, Vitamine, Aromastoffe

Zusatzstoffe pro kg:
250.000 IE Vitamin A, 8.400 IE Vitamin D3, 2.600 mg Vitamin E (DL-Alpha-Tocopherolacetat), 400 mg Vitamin B1 (Thiaminhydrochlorid), 250 mg Vitamin B2 (Riboflavin), 200 mg Vitamin B6 (Pyridaxinhydrochlorid), 680 mg

Kalzium-D-Pantothenat, 2.920 mg Nicotinamid, 68 mg Folsäure, 1.600 µg Vitamin B12 (Cyanocobalamin), 3.440 µg Biotin, 5.000 Cholin, 500 mg Eisen (Eisen-II-sulfat), 180 mg Zink (Zinksulfat), 50 mg Kupfer (Kupfer-II-sulfat), 25 mg Jod (Calciumjodat)

Nekton Cat-M wird in seiner Anwendung zusammen mit Catfortan empfohlen. Natürlich kann auch nur eines der Präparate zur Supplementierung hergenommen und evtl. mit der natürlichen Supplementierung ergänzt werden.
Dosierungsvorschlag zusammen mit Catfortan:
100 g Huhn mit 5% Leber, 5% Magen und 15% Herz
1 Tablette Catfortan + 0,8 g Nekton Cat-M

Catfortan

Inhaltsstoffe:
Rohprotein 39,4%, Rohfett 4,5 %, Rohfaser 4,6%, Rohasche 20,9%, Kalzium 4,49%, Phosphor 2,2%, Kalium 2%, Magnesium 1%

Zusammensetzung:
Hefen, Mineralstoffe, Milch/Molkereierzeugnisse, DL-Methionin, pflanzl. Nebenerzeugnisse, Algen, Saaten, Proteinhydroysat, Hämoglobin

Zusatzstoffe je kg:
Taurin 10000 mg, Vitamin A 20000 IE, Vitamin B1 200 mg, B6 100 mg, B12 100 µg, C 1.000 mg, D3 10.000 IE, E/Alpha-Tocopherolacetat 1.000 mg, K3 50 mg, Biotin 6.000 µg, Cholin 3.000 mg, Folsäure 40 mg, Inosit 50 mg, Nicotinsäure 1.200 mg, Calcium-D-Pantothenat 500 mg, Zitronensäure

Spurenelemente:
12 mg Kobalt aus Kobalt-II-carbonat Monohydrat, 2.800 mg Eisen aus Eisen-II-sulfat Monohydrat, 12 mg Jod aus Calciumjodat wasserfrei, 75 mg Kupfer aus Kupfer-(II)-sulfat-Pentahydrat, 250 mg Mangan aus Mangan-II-oxid, 1 mg Molybdän aus Natriummolybdat, 0,5 mg Selen aus Natriumselenit, 300 mg Zink aus Zinkoxid

Dosierungsvorschlag zusammen mit Nekton:
100 g Huhn mit 5% Leber, 5% Magen und 15% Herz
1 Tablette Catfortan + 0,8 g Nekton Cat-M

Dosierungsempfehlung des Herstellers:
1/2 Tablette Catfortan je 1 kg Körpergewicht.
1 Tablette Catfortan = 500 mg

Trixie Aufbaukalk

Inhaltsstoffe:
Kalzium 21%, Phosphor 8%, Natrium 6%, Magnesium 1%

Zusammensetzung:
Calciumcarbonat, Dicalciumphosphat, Monocalciumphosphat, Natriumchlorid, Hefe, Calciumfuma-

rat, Magnesiumfumarat, Spurenelemente, Vitamine
Zusatzstoffe:
Vitamin A 250.000 IE, Vitamin D3 10.000 IE, Vitamin E 1.000 mg, Vitamin B1 50 mg, Vitamin B2 100 mg, Vitamin B6 80 mg, Vitamin B12 1.000 myg, Vitamin C 1.000 mg, Biotin 5.000 myg Folsäure 30 mg, Kupfer 300 mg, Zink 3.000 mg, Eisen 2.500 mg
Dosierung: Dieses Ergänzungsfuttermittel darf wegen der gegenüber Alleinfuttermitteln höheren Gehalte an Vitamin D3 und Spurenelementen an Heimtiere nur bis zu 0,6 g täglich je kg Körpergewicht verfüttert werden (max. 10 g täglich). Bei wachsenden und säugenden Tieren 1,2 g täglich je kg Körpergewicht (max. 20 g täglich). 1 gestrichener Teelöffel entspricht ca. 5 g, 1 gestrichener Esslöffel entspricht ca. 10 g Aufbaukalk.

Fütterungsempfehlung laut Hersteller:
0,6 g/kg Körpergewicht
1,2 g/kg Körpergewicht bei wachsenden und säugenden Tieren
Katzen (ca. 5 kg) = 3 g Vitakalk
Man rechnet mit ca. 12 g Vitakalk pro kg Fleisch.

Zusätzlich sollte Leber (3%), 50 g Lachs im Monat sowie Vitamin E in Form von Tropfen oder Weizenkeimöl hinzugefügt werden. Auch Taurin und Fett sollte zusätzlich verfüttert werden.

Nicht zusätzlich gefüttert werden sollten Knochen, da der Phosphorgehalt dieses Präparates sehr hoch liegt. Hier sollte mit einem reinen Kalziumsupplement ergänzt werden.

Vitakalk

Inhaltstoffe:
Calcium 21,0 %, Phosphor 8,0 %, Natrium 6,0 %, Magnesium 1,0 %

Zusammensetzung:
Calciumcarbonat, Dicalciumphosphat, Monocalciumphosphat, Natriumchlorid, Bierhefe, Calciumfumarat, Magnesiumfumarat, Magnesiumoxid, Vitamin-Vormischung, Spurenelement-Vormischung, Aromastoff-Vormischung

Zusatzstoffe:
Vitamin A 250.000 IE, Vitamin D3 10.000 IE, Vitamin E 1.000 mg, Vitamin K3 15 mg, Vitamin B1 50 mg, Vitamin C 1.000 mg, Vitamin B6 80 mg, Vitamin B2 100 mg, Nicotinsäure 1.000 mg, Vitamin B12 1.000 myg, Biotin 5.000 myg, Calciumpantothenat 500 mg, Folsäure 30 mg, Cholinchlorid 5.000 mg, Eisen 2.500 mg, Zink 3.000 mg, Kupfer 300 mg, Mangan 350 mg, Jod 80 mg, Kobalt 15 mg, Selen 5 mg

Fütterungsempfehlung laut Hersteller:
0,6 g/kg Körpergewicht
1,2 g/kg Körpergewicht bei wachsenden und säugenden Tieren
Katzen (ca. 5 kg) = 3 g Vitakalk

Man rechnet mit ca. 12 g Vitakalk pro kg Fleisch.
Zusätzlich sollte Leber (3%), 50 g Lachs im Monat sowie Vitamin E in Form von Tropfen oder Weizenkeimöl hinzugefügt werden. Auch Taurin und Fett sollte zusätzlich verfüttert werden.

Nicht zusätzlich gefüttert werden sollten Knochen, da der Phosphorgehalt dieses Präparates sehr hoch liegt. Hier sollte mit einem reinen Kalziumsupplement ergänzt werden.

Weitere Präparate sind u. a. Kitty Bloom, Kittywork, Feline Future, Feline Instincts und Catmineral.
Auch Präparate, die der menschlichen Nahrungsergänzung dienen, können für die Katzenfütterung herangezogen werden so z.B. Centrum A-Z oder Vergleichspräparate aus der Drogerie oder dem Supermarkt. Ich empfehle solche Produkte aber wenn überhaupt nur in der Anfangszeit der Rohfütterung zu nutzen und später der natürlichen Supplementierung den Vorrang zu geben.

Lagerung der Ergänzungsmittel

Die Ergänzungsmittel, welche meist über viele Monate haltbar sind, müssen fachgerecht gelagert werden, damit sie nicht verderben oder ihre Wirkung verlieren.

Trockene Supplemente wie Kalziumzitrat, Kalziumkarbonat, Seealgenmehl oder Taurin sollten in fest verschließbaren Dosen gelagert werden. Besonders Taurin zieht durch regelmäßiges Öffnen Wasser und kann klumpig werden. Haben Sie also eine große Menge Taurin gekauft, was ja auch Sinn macht, denn es ist lange haltbar, so sollten Sie hiervon immer nur eine kleinere Menge wie z.B. 30 g heraus nehmen und die Dose wieder verschließen. Die täglichen Portionen bzw. die Portion für eine Woche oder ein Rezept können dann aus der kleineren Dose entnommen werden. Die Dose mit dem größeren Inhalt muss auf diese Weise nicht so oft geöffnet werden und zieht nicht so viel Wasser aus der Luft.
Öle sollten in dunklen Flaschen im Kühlschrank aufbewahrt werden, damit sie nicht verderben. Besonders das empfohlene Lachsöl wird schnell ranzig. Es ist meist nicht länger als 6 bis höchstens 8 Wochen haltbar.

Fette wie Schweine- oder Gänseschmalz sollten im Kühlschrank gelagert werden.

Lachs und Leber können wie Fleisch eingefroren werden, bevor sie in einem Rezept verarbeitet werden.

Bierhefe sollte wie die anderen trockenen Supplemente gelagert werden. Auch Bierhefe wird klumpig, wenn sie mit Feuchtigkeit in Berührung kommt.

Vitamin-E-Tropfen sollten gut verschlossen werden. Sie können auch im Kühlschrank gelagert werden. Vor dem Verarbeiten in einem Rezept sollten sie Zimmertemperatur angenommen haben. Vitamin-E-Tropfen sind sehr zähflüssig. Je wärmer sie sind, desto flüssiger sind sie und können leichter getropft werden.

… chnung der Futtermen- ge

Im Allgemeinen geht man bei der Katze von ca. 25-30 g Fleisch pro Kilogramm Körpergewicht pro Tag aus. Die Menge ist abhängig von der Aktivität.

Tabelle Futtermenge:

Aktivität	Futtermenge/kg KG/Tag
Sehr geringe Aktivität (faul)	18
Geringe Aktivität	20
Normale Aktivität	27,5
Hohe Aktivität	30
Sehr hohe Aktivität	33

Rechenweg:
Gewicht der Katze (z.B. 2.600 g) x 30 g (Aktivität) = 78 g (Futtermenge)

Das bedeutet eine sehr aktive Katze von 2,6 kg benötigt pro Tag eine Futtermenge von 78 g. Eine sehr aktive Katze von 4 kg benötigt 120 g Futter pro Tag und
eine faule Katze von 3,5 kg braucht etwa 63 g Futter täglich.

Dies sind allerdings nur Richtwerte, die individuell durch Beobachten (nimmt die Katze durch die Fütterung zu oder ab?) an die Katze angepasst werden können.
Je nach Bewegung der Katze oder der Möglichkeit sich selbst Futter zu beschaffen (Freigänger auf Mäusejagd) richtet sich die Futtermenge bzw. der Bedarf der Katze.
So benötigt der Freigänger zwar eigentlich weniger Futter, weil er sich selbst die ein oder andere Maus oder einen Vogel fängt, sein Bedarf ist aber auch höher, weil er mehr Energie benötigt (Jagen ist anstrengend, draußen ist es oft kalt).

An der genauen Berechnung der Futtermenge sind also mehrere Faktoren beteiligt:

1. die Verwertbarkeit des Futters – nicht alles was aufgenommen wird, wird vom Organismus auch verwertet

2. der Bedarf der Katze abhängig von Aktivität, Konstitution etc.

3. der Stoffwechsel der Katze. Einige sind gute andere schlechte Futterverwerter

Zuerst wird für die Berechnung der Futtermenge das Gewicht der Katze herangezogen. Hat die eigene Katze das Idealgewicht ihrer Rasse, oder ist sie zu dick oder zu dünn? Die Rassestandards des Katzengewichts von männlichen und weiblichen Katzen kann man in der Tabelle im Kapitel zum Über- und Untergewicht der Katze nachschlagen und die Fütterung entsprechend anpassen.
Wichtiges Kriterium bei der Wahl

der Futtermenge ist die Beobachtung der Katze. Der Katzenhalter kann so feststellen, ob sie mit der Frischfütterung ab- oder zunimmt. Entsprechend daran kann man die Futterportionen der Katze anpassen. Wichtig hierbei ist zu wissen, dass Muskeln mehr wiegen als Fett. Auf die Waage allein kann man sich also nicht verlassen, wenn es darum geht, ob die Katze übergewichtig ist. Mehr dazu im Kapitel zum Über- und Untergewicht der Katze.

Anfangs, nach der Umstellung auf Rohfutter, kann es sein, dass die Katze mehr Futter verlangt und einen hungrigen Eindruck macht. Fertigfutter ist im Hinblick auf das Volumen einfach viel mehr, als das Rohfutter. Daran muss sich die Katze erst einmal gewöhnen. Nach einiger Zeit pendelt sich dies aber ein.

Berechnung der Futtermenge in der Kittenfütterung

Katzenkinder benötigen mehr Futter als erwachsene Katzen. Sie fressen bis zur doppelten Menge der Erwachsenenration. Wichtig ist hier, ihnen nicht das Futter wie einer erwachsenen Katze zu rationieren, damit sie nicht zu dick werden, sondern die Jungkatzen so viel fressen lassen, wie sie mögen und benötigen.
Die Futtermenge für Kitten sollte auf 5-6 Mahlzeiten pro Tag aufgeteilt werden. 300 g Futter verdrückt eine Jungkatze gut und gerne pro Tag, so dass eine Portion etwa bei 50 g liegt. Bis zu ca. einem Jahr gelten Katzenkinder als Jungkatzen und sollten nicht nach der Erwachsenen-Berechnung gefüttert werden. Danach kann man auf die normale Ration, wie oben beschrieben, umsteigen.

Müssen junge Katzen hungern, so kann sich dies auf ihr späteres Fressverhalten und damit auf ihr Gewicht auswirken. Folge ist dann Übergewicht.

Dies und mehr über Kittenfütterung ist weiter hinten im Buch zu finden.

Anzahl der Mahlzeiten

Viele Katzen haben, bedingt durch die Fütterung von Trockenfutter, ständig einen gefüllten Napf, an dem sie sich nach Herzenslust bedienen können. Dies ist mit der Rohfütterung nicht möglich, da rohes Fleisch, bleibt es längere Zeit im Napf, unappetitlich für die Katze wird. Katzen sind auch im Unterschied zum Hund keine Aasfresser und rühren leicht angegangenes Fleisch nicht mehr an.
In der Rohfütterung sollte daher die tägliche Futterration auf mehrere Mahlzeiten verteilt werden. Dies hängt natürlich davon ab, wie oft es Ihnen möglich ist Ihre Katze zu füttern. Als ideal sind 3-4 kleine Mahlzeiten zu sehen, aber auch 2

Mahlzeiten pro Tag sind für die Katze in Ordnung. Die Fütterung von mehreren kleinen Mahlzeiten täglich imitiert am besten die natürliche Ernährung mit vielen kleinen Futtertieren.
So fängt eine frei lebende Katze ja auch viele Mäuse = viele kleine „Snacks" am Tag.

Kitten sollten auf jeden Fall die empfohlenen 3-4 kleinen Mahlzeiten erhalten. Sie haben kleine Mägen die nicht so viel Nahrung in einer Portion vertragen können.

Auch tragende und säugende Katzen sollten mit vielen kleinen Portionen gefüttert werden.

Berechnung der Rezepte

Rezepte werden für mehrere Tage zusammengestellt, da sich das tägliche Zusammenmischen der Mahlzeiten nicht lohnt bzw. zu zeitaufwendig ist. Für wie viele Tage sich das Rezept berechnet, ist von der Menge Fleisch bzw. der täglichen Futterportion der Katze abhängig.

Wie man nun an die Berechnung der Rezepte herangeht, will ich mit folgendem Beispiel erklären.

1. Gewicht der Fleischsorten addieren

Ich habe beim Metzger 1.000 g Hühnerbrust gekauft sowie 120 g Hühnerherzen und 30 g Hühnerleber = Gesamtfleisch 1.150 g.

2. Tägliche Futtermenge berechnen

Nehmen wir an, unsere Katze wiegt 3,5 kg und ist normal aktiv.
Ihre tägliche Futtermenge beträgt demnach 97 g.
(Siehe: Berechnung der Futtermenge)

Rechenweg:
Gewicht der Katze (z.B. 3.5 kg) x 27,5 g (Aktivität) = 96,25 g (tägliche Futtermenge)

3. Berechnung für wie viele Tage das Rezept ausreicht

Um einen ungefähren Wert für die Berechnung der Supplemente zu haben, müssen wir wissen für wie viel Tage wir die Ergänzungsmittel berechnen müssen.

Dafür teile ich das Gesamtfleisch (1.150 g) durch die tägliche Futtermenge (97 g) und erhalte die Anzahl der Tage für die die Futtermenge reichen wird. In diesem Fall genau 11,85 Tage, also für ca. 11,5 Tage.

Rechenweg:
Gesamtfleisch (1.150 g) : tägliche Futtermenge (97 g)
= Mahlzeiten aus der Menge (ca.11,5)

Nachher gibt es mit den Supplementen und dem Wasser natürlich eine größere Menge, die dann auf 11,5 Tage aufgeteilt wird. Also bekommt die Katze 97 g Fleisch plus ca. 27 g Zusätze plus ca. 28 g Wasser= 152 g Futter insgesamt.

4. Berechnung welche Nährstoffe das Fleisch bereits enthält

Das Fleisch enthält bereits Nährstoffe. Wichtig ist hier vor allem der Fettgehalt, der Gehalt an Eisen sowie Kalzium und Phosphor. In der Leber ist der Vitamin-A-Gehalt wichtig. Dazu schauen wir in die Nährstofftabelle der Fleischsorten.

Nährwerttabellen werden von diversen Verlagen heraus gegeben. Auch im Internet findet man entsprechende Närwertangaben. Ein paar Werte habe ich in der Tabelle auf Seite 128 aufgelistet.

Da sich die Angaben zu den Nährstoffen in den Nährwerttabellen auf 100 g Fleisch beziehen, müssen wir nun zuerst berechnen, wie sich diese Werte auf unsere Menge übertragen lassen. Hierfür nehmen wir als Beispiel Kalzium.

Rechenweg:
Der zugrunde liegende Kalziumwert von
100 g Hühnerbrust = 14 mg Kalzium

14 mg (angegebener Wert) : 100 = 0,14 mg (Kalzium in 1 g Hühnerbrust) 0,14 mg x 1.000 g (unsere vorhandene Menge) = 140 mg Kalzium in 1 kg Hühnerbrust

Der zugrunde liegende Kalziumwert von
100 g Hühnerherz = 5 mg Kalzium

5 mg (angegebener Wert) : 100 = 0,05 mg (Kalzium in 1 g Hühnerherz) 0,05 mg x 120 g (unsere vorhandene Menge) = 6 mg Kalzium in 120 g Hühnerherz

Der zugrunde liegende Kalziumwert von
100 g Hühnerleber = 11 mg Kalzium

11 mg (angegebener Wert) : 100 = 0,11 g (Kalzium in 1 g Leber)
0,11 mg x 30 g (unsere vorhandene Menge) = 3,3 mg Kalzium in 30 g Hühnerleber

Jetzt zählen wir die einzelnen Kalziumwerte zusammen und erhalten den gesamten Kalziumgehalt des Futters.

Addition:
140 mg + 6 mg + 3,3 mg = 149,3 mg Kalzium

Ebenso verfahren wir mit dem Gehalt an Fett, Phosphor und Eisen.

Wir können unsere Berechnungen auch auf Magnesium, Kalium, Natrium und auf die Vitamine ausweiten.

Weiteres Beispiel Phosphor:

1.000 g Hühnerbrust enthält 2.100 mg Phosphor (100 g = 210 mg)
(210 :100 x 1.000 = 2100)
120 g Hühnerherz enthält 196 mg Phosphor (100 g = 164 mg)
(164 :100 x 120 = 196)
30 g Hühnerleber enthält 90 mg Phosphor (100 g = 300 mg)
(300 :100 x 30 = 90)

Addition:
2.100 mg + 196 mg + 90 mg = 2.386 mg Phosphor im Gesamtfleisch

5. Den täglichen Bedarf der Katze errechnen

Die Katze hat pro kg Körpergewicht einen bestimmten Bedarf an Nährstoffen (siehe Tabelle auf Seite 44). Diesen müssen wir zuerst errechnen.

Rechenweg
(Bedarfsangaben der Nährstoffe aus der Tabelle) x (Gewicht der Katze in kg) = (Bedarf an Nährstoffen pro Tag für diese Katze)

Diese Rechnung kann auf den wöchentlichen Bedarf bzw. auf den Bedarf pro Rezept erweitert werden.

6. Ausreichenden Gehalt der Nährstoffe überprüfen

Da wir Leber im Rezept verarbeiten, müssen wir überprüfen, ob diese in ihrem Vitamin-A-Gehalt zur Deckung des Bedarfs der Katze ausreicht, oder den Bedarf gar übersteigt.

Dafür müssen wir den Gehalt der Leber an Vitamin A aus der Nährwerttabelle ablesen: 100 g Hühnerleber =12.800 myg Vitamin A
30 g Hühnerleber enthalten also 3.840 myg Vitamin A

Rechenweg:
12.800myg : 100 g =128 myg (1 g Leber enthalten 128 myg Vitamin A)
128 myg x 30 (Grammzahl der Leber) = 3.840 myg = 3,84 mg

Die Katze hat einen Bedarf von 100 IE pro kg Körpergewicht pro Tag. Also etwa (0,3 x 100=) 30 myg (1 myg = 3,33 IE Vitamin A; 1 IE Vitamin A = 0,3 myg

Unsere Katze von 3,5 kg braucht also (3,5 x 100 =) 350 IE Vitamin A pro Tag. An 11,5 Tagen also (350 x 11,5 =) 4.025 IE. Das sind dann (4.025 x 0,3 =) 1.208 myg = 1,2 mg benötigter Vitamin-A-Gehalt in unserem Rezept.

Unser Rezept enthält allerdings 3,84 mg Vitamin A. Das heißt wir haben zuviel Vitamin A in der Leber. Nämlich genau 2,64 mg.

Rechenweg:
3,84 mg (Vitamin A in der Leber) – 1,2 mg (Bedarf unserer Katze) = 2,64 mg

Das ist aber noch in Ordnung. Nur weitaus höher dürfte das Vitamin-A-Angebot nicht liegen. Im Kapitel über die Ergänzungsfuttermittel ist zu lesen, dass das Vitamin-A-Angebot im Futter ruhig höher liegen darf als der Bedarf der Katze daran ist.

7. Bedarf der Katze auf unser Rezept übertragen

Die Katze hat nun einen bestimmten Bedarf pro Tag und pro kg Körpergewicht an bestimmten Nährstoffen. Damit dieser gedeckt werden kann, müssen wir die Nährstoffe im Fleisch durch Supplemente ergänzen, damit das Futter an den Bedarf der Katze angepasst wird.

Wir haben nun 149,3 mg Kalzium in unserem Futter sowie 2.386 mg Phosphor. Dies teilen wir auf die Tage auf, für die das Futter reicht (11,5). Die Katze bekommt also mit unserem Fleisch täglich 13 mg Kalzium sowie 207 mg Phosphor zugeführt.

Rechenweg:
Kalzium: 149,3 (mg) : 11,5 (Tage) = 13 (mg)
Phosphor: 2.386 (mg) : 11,5 (Tage) = 207 (mg)

Die Katze hat pro Tag und pro kg Körpergewicht einen Nährstoffbedarf von 80 mg Kalzium sowie 70 mg Phosphor. Macht für unsere Katze mit 3,5 kg Körpergewicht 280 mg Kalzium 245 mg Phosphor pro Tag.

Rechenweg:
Kalzium: 80 (mg) x 3,5 (kg Katze) = 280 mg
Phosphor: 70 (mg) x 3,5 (kg Katze) = 245 mg

Das heißt uns würde noch (280 - 13 =) 267 mg Kalzium und (245 - 207 =) 38 mg Phosphor fehlen. Niedrige Phosphorwerte sind in Ordnung, da sich diese durch das nächste Rezept wieder ausgleichen.

8. Kalzium-Phosphor-Wert errechnen

Wichtiger als der tatsächliche Gehalt an Kalzium und Phosphor in der Nahrung ist das Kalzium-Phosphor-Verhältnis. Es sollte 1,15 (Kalzium) zu 1 (Phosphor) betragen. (1,15:1)

Wir haben in unserem Fleisch nun einen Gehalt von 2.386 mg Phosphor. Diesen Wert multiplizieren wir mit 1,15, um den benötigten Kalziumgehalt zu erhalten.

Rechenweg:
(Phosphorgehalt des Fleisches) 2.386 mg x 1,15 = 2.744 mg (Kalzium).

Das heißt wir benötigen in unserem Rezept eigentlich 2.744 mg Kalzium statt den bereits vorhandenen 149,3 mg. Es fehlen also noch 2.595 mg Kalzium, die wir ergänzen müssen.

Rechenweg:
2.744 mg (benötigtes Kalzium) – 149,3 mg (bereits enthaltenes Kalzium) = 2.595 mg (zusätzlich zu supplementierendes Kalzium)

9. Berechnung der Supplemente

a.) Berechnung der Kalziumsupplemente

Da jetzt noch 2.595 mg Kalzium in unserem Rezept fehlen, müssen wir diese Menge durch Kalziumsupplemente ergänzen.

Dies können wir z.B. durch die Zugabe von Eierschale.

1 g Eierschale enthält ca. 340 mg Kalzium (Mittelwert). Wir benötigen 2.595 mg Kalzium. Dafür teilen wir die 2.595 mg durch 340 mg und erhalten die benötigte Grammzahl Eierschalenpulver. In diesem Fall 7,6 g.

Rechenweg:
2.595 g (benötigtes Kalzium) : 340 g (Kalzium pro Gramm Eierschale) = 7,6 g (Eierschalenpulver)

Wir ergänzen unser Fleisch also durch 7,6 g Eierschalen und erhaltenden gewünschten Kalzium-Phosphor-Wert von 1,15:1

Würden wir das Futter mit Kalziumzitrat errechnen, würde unsere Rechnung folgendermaßen aussehen:

1 g Kalziumzitrat enthält etwa 210 mg Kalzium.
Wir benötigen 2.595 mg.

Rechenweg:
2.595 mg : 210 mg = 12,36 g

Wir können unser Futter also statt mit 7,6 g Eierschale mit 12,36 g Kalziumzitrat ergänzen.

b.) Berechnung von Taurin
Die Katze benötigt etwa 120 mg pro kg Körpergewicht pro Tag. Das macht bei unserer Katze von 3,5 kg einen Bedarf von 420 mg täglich. Wir benötigen also an 11,5 Tagen 4.830 mg Taurin, also 4,8 g Taurin.

Rechenweg:
120 mg x 3,5 kg x 11,5 = 4.830 mg = 4,8 g

Wir fügen also 4,8 g Taurinpulver dem Fleisch zu.

c.) Berechnung von Eisen
Wie viel Eisen enthält unser Fleisch?

1.000 g Hühnerbrust = 5 mg (100 g = 0,5 mg)
120 g Hühnerherzen = 2.040 myg = 2,04 mg (100 g = 1,7 mg)
30 g Leber = 2.850 myg = 2,85 mg (100 g = 9,5 mg)

= 9,89 mg Eisen

9,89 mg geteilt durch 11,5 Tage macht pro Tag = 0,86 mg Eisen (unser Fleisch reicht ja für 11,5 Tage).

Wie viel Eisen benötigt unsere Katze (3,5 kg) pro Tag?

Die Katze hat einen Bedarf von 1,5 mg Eisen pro kg Körpergewicht pro Tag.

Rechenweg:
1,5 mg x 3,5 kg = 5,25 mg

Ergänzen müssen wir also 4,39 mg Eisen täglich.

Rechenweg:
5,25 mg (Bedarf der Katze) – 0,86 mg (Eisen im Fleisch) = 4,39 mg (supplementiertes Eisen täglich.)

Da wir das Futter für 11,5 Tage zubereiten, brauchen wir also zusätzlich noch
(4,39 x 11,5=) 50,48 mg Eisen in unserem Rezept.

Das Eisen ergänzen wir z.B. mit Fortain. 1 g Fortain enthält 5 mg Eisen. Für 50,48 mg Eisen benötigen wir also 10,09 g Fortain.

Rechenweg:
50,48 mg : 5 mg = 10,09 g

d.) Berechnung von Fett

Wieder interessieren uns die Nährwertangaben unserer verwendeten Fleischteile.

1000 g Hühnerbrust (sehr mager) enthält 10 g Fett
120 g Hühnerherzen enthalten 6,4 g Fett
30 g Hühnerleber enthält 1,4 g Fett

Wir kommen also auf 17,8 g Fett in unserem Rezept. Macht bei 1.150 g Fleisch einen Fettgehalt von 1,5 %

Rechenweg:
17,8 g (Fett) : 1.150 g (Fleisch) = 0,015 = 1,5%

1,5% Fett ist viel zu wenig für einen fettliebenden Carnivoren wie die Katze. 8% Fett in der Nahrung sind angemessen. Wir müssen also noch 6,5% Fett supplementieren. Das heißt wir brauchen noch ca. 75 g Fett.

Rechenweg:
1.150 g (Fleischmenge): 100 x 6,5 = ca. 75 g

Schmalz enthält fast 100% Fett, wir können also 75 g Gänseschmalz dem Futter beifügen.

e.) Berechnung von Vitamin D

Die Deckung des Vitamin-D-Bedarfs geschieht durch die Verfütterung von Lachs. 100 g Lachs enthalten 8 myg Vitamin D = 320 IE. (Umrechnungsfaktoren: 1 IE = 0,025 myg Vitamin D, 1 myg Vitamin D = 40 IE)

Die Katze hat einen Bedarf von 5 IE pro kg Körpergewicht pro Tag. Das heißt unsere Katze von 3,5 kg hat einen Bedarf von (3,5 x 5=) 17,5 IE pro Tag.

Da wir das Futter für 11,5 Tage herstellen, macht das für diese 11,5 Tage einen Bedarf von (17,5 x 11,5 =) 201,25 IE (= 5,03 myg).

Das heißt wir würden an 11,5 Tagen ca. 63 g Lachs benötigen, um den Bedarf der Katze zu decken.

Rechenweg:
8 myg (Vitamin D in 100 g Lachs) : 100 g = 0,08 myg (Vitamin D in 1 g Lachs)

5,03 myg (Bedarf der Katze) : 0,08 myg = 63 g (Lachs um Bedarf der Katze an Vitamin D zu decken)

Wie aber im Kapitel Ergänzungsfuttermittel zu lesen ist, kann das Angebot ruhig doppelt so hoch liegen wie der Bedarf. Das heißt wiederum, dass wir an 11,5 Tagen bedenkenlos 120 g Lachs füttern könnten.

f.) Berechnung von Vitamin E

Vitamin E kann über die Verfütterung von Weizenkeimöl ergänzt werden. Vitamin E ist allerdings auch schon im Fleisch enthalten.

Eine Katze benötigt etwa 2 mg Vitamin E pro Tag pro kg Körpergewicht. Die Katze von 3,5 kg braucht also 7 mg Vitamin E pro Tag. An 11,5 Tagen also (3,5 x 2 x 11,5 =) 80,5 mg.

In unserem Fleisch sind etwa 10,32 mg Vitamin E enthalten.

1.000 g Hühnerbrust = 9 mg Vitamin E
120 g Hühnerherz = 1,44 mg Vitamin E
30 g Hühnerleber = 0,12 mg Vitamin E

Macht zusammen 10,56 mg Vitamin E.

Diese Menge können wir vom Bedarf der Katze an 11,5 Tagen abziehen.

Rechenweg:
80,5 mg (Bedarf an Vitamin E) – 10,56 mg (bereits im Fleisch vorhandenes Vitamin E)
= 69,94 mg (noch zu supplementierendes Vitamin E)

Bleiben also noch 69,94 mg Vitamin E zu ergänzen.

In 100 g Weizenkeimöl sind etwa 150 mg Vitamin E enthalten. Wir brauchen also ca. 46,6 mg Weizenkeimöl um den Bedarf der Katze an Vitamin E zu decken..

Rechenweg:
150 mg (Vitamin E) : 100 g (Weizenkeimöl) = 1,5 mg (Vitamin E in 1 g Weizenkeimöl)

69,94 mg (Bedarf der Katze) : 1,5 mg (Vit. E in 1g Weizenkeimöl) = 46,6 g (Weizenkeimöl zusätzlich zum Fleisch, um den Bedarf der Katze an 11,5 Tagen zu decken).

g.) Berechnung von Vitamin B

Alle B Vitamine zu berechnen wäre viel zu kompliziert. Halten Sie sich einfach an die Empfehlung aus dem Kapitel Ergänzungsfuttermittel. In unserem Rezept wären das also etwas mehr als 2 g also z.B. 2,2 g Bierhefeflocken.

h.) Berechnung von Jod

Jod kann über die Verfütterung von Seealgenmehl ergänzt werden. Eine Katze benötigt etwa 0,05 mg Jod pro kg Körpergewicht pro Tag. Die Katze von 3,5 kg braucht also (3,5 x 0,05 =) 0,175 mg pro Tag. An 11,5 Tagen, also für unser Rezept, macht das (0,175 x 11,5 =) 2,01 mg.

In 1 g Seealgenmehl sind etwa 3,8 mg Jod enthalten. Wir brauchen also 0,5 g Seealgenmehl um in unserem Rezept den Bedarf der Katze zu sichern.

Rechenweg:
2,01 mg (Bedarf den wir zu decken haben) : 3,8 mg (Jod in 1 g Seealgen) = 0,5 g (Seealgenmehl mit dem wir das Futter ergänzen)

i.) Berechnung von Salz

Da in diesem Rezept keine Knochen gefüttert werden, sollte das Futter mit Salz ergänzt werden.

Die Katze hat einen Bedarf von 80 mg Natrium pro kg Körpergewicht. Das macht bei unserer Katze von 3,5 kg einen Bedarf von (3,5 x 80 =) 280 mg täglich. An 11,5 Tagen also (280 x 11,5 =) 3.220 mg.

Unser Fleisch enthält bereits Natrium:
1.000 g Hühnerbrust = 950 mg Natrium
120 g Hühnerherz = 133 mg Natrium
30 g Hühnerleber = 20,4 mg Natrium

= 1.103,4 mg Natrium

Das heißt wir können von unserem Bedarf der Katze 1.103,4 mg abziehen, da unser Fleisch dies bereits abdeckt. Wir müssen also noch (3.220 -1.103,4 =) 2.116,6 mg Natrium supplementieren.

1 g Salz enthält etwa 400 mg Natrium. Wir müssen dem Futter also noch ca. 5 g Salz zusätzlich beifügen.

Rechenweg:
2.116,6 g (zu supplemetierendes Natrium) : 400 mg (in 1 g Salz enthaltenes Natrium) = 5,29 g (zu supplementierendes Salz)

j.) Berechnung von Ballaststoffen

5% der Nahrung sollten aus Ballaststoffen bestehen.

Unser Rezept wiegt:

1.150,00 g Fleisch
7,60 g Eierschale
4,80 g Taurin
10,09 g Fortain
75,00 g Gänseschmalz
63,00 g Lachs
46,60 g Weizenkeimöl
2,20 g Bierhefe
0,50 g Seealgenmehl
5,00 g Salz

= 1.364,79 g Futter

5% von 1364,79 g = 68 g

Rechenweg: 1.364,79 : 100 x 5 = 68 g

Wir sollten also ca. 68 g Ballaststoffe hinzufügen. Also z.B. Hirseflocken.

100 g Hirseflocken enthalten ca. 73 g Ballaststoffe. 1 g Hirseflocken enthalten 0,73 g Ballaststoffe. Wir brauchen also ca. 94 g Hirseflocken, um den Bedarf der Katze zu decken.

Rechenweg:
68 g (benötigte Ballaststoffe) : 0,73 g (in 1 g Hirseflocken enthaltene Ballaststoffe) = 93 g (Hirseflocken, die wir supplementieren müssen um 68 g Ballaststoffe zu erhalten.)

k.) Berechnung von Wasser

Fleisch enthält bereits Feuchtigkeit. In unserem Fall ca. 847,25 g Wasser.

1.000 g Hühnerbrust = 737 g Wasser
120 g Hühnerherz = 89,16 g Wasser
30 g Hühnerleber = 21,09 g Wasser
= 847,25 g Wasser

Unser Rezept wiegt:

1.150,00 g Fleisch
7,60 g Eierschale
4,80 g Taurin
10,09 g Fortain
75,00 g Gänseschmalz
63,00 g Lachs
46,60 g Weizenkeimöl
2,20 g Bierhefe
0,50 g Seealgenmehl
5,00 g Salz
93,00 g Hirseflocken

= 1.457,79 g

Das macht einen Feuchtigkeitsgehalt des Futters von etwa 58%.

Rechenweg:
Im Fleisch enthaltenes Wasser : Gesamtfuttermenge = Feuchtigkeitsgehalt in %

z.B.: 847,25 g : 1.457,79 g = 0,581 = 58%

80% Feuchtigkeit im Futter wäre für die Katze besser, deswegen müssen wir dem Futter noch etwas Wasser beifügen. Uns fehlen also noch 22% Feuchtigkeit.

Rechenweg:
80% - 58% = 22%

22% entspricht 321 g Wasser.

Rechenweg:
1.457,79 g Gesamtfutter : 100 x 22 = 321 g Wasser

Wir fügen unserem Rezept also noch 321 g Wasser bei. Wobei wir dies nicht mit dem Rest zusammen einfrieren, sondern täglich (321 : 11,5 =) ca. 28 g warmes Wasser unter das Futter mischen.

10.) Rezept notieren
Wir notieren nun alle errechneten Ergebnisse. Unser Rezept sieht jetzt also folgendermaßen aus:

1.000,00 g Hühnerbrust
120,00 g Hühnerherz
30,00 g Hühnerleber
7,60 g Eierschale
4,80 g Taurin
10,09 g Fortain
75,00 g Gänseschmalz
63,00 g Lachs
46,60 g Weizenkeimöl
2,20 g Bierhefe
0,50 g Seealgenmehl
5,00 g Salz
93,00 g Hirseflocken

321,00 g Wasser

11.) Portionen aufteilen

Gesamtgewicht des Futters auf 11,5 Tage aufteilen.

Kalkulatoren

Um die Berechnung der Katzenmahlzeiten einfacher zu machen, haben ein paar nette Katzenbesitzer viele Stunden Arbeit damit verbracht sogenannte Barf-Kalkulatoren zu entwicken die dem Rohfütterer viel Arbeit abnehmen.
Man findet diese Kalkulatoren im Internet unter dem Suchwort „barf kalkulator".
Diese Kalkulatoren sind praktisch und gut, man sollte sich aber nur dann auf sie verlassen, wenn man die Prinzipien der Rohfütterung mit Natural Cat Food verstanden hat und bereits ein paar Rezepte „von Hand" errechnet hat.
Auch der beste Kalkulator ist nur so gut wie sein Entwickler und letztendlich auch sein Nutzer.
Die den Kalkulatoren zugrunde liegenden Daten stammen aus Büchern, wissenschaftlichen Abhandlungen und Datenbanken, sind also aus diversen Quellen zusammen getragen und so unterscheiden sich die einzelnen Kalkulatoren auch in ihren Ergebnissen. Aber wie wir bereits wissen: Das einzig wahre Wissen gibt es nicht in der Katzenernährung.
Für die Berechnung der Katzenmahlzeiten sind sowohl Bedarfswerte der Katze nötig als auch der Nährstoffgehalt der einzelnen Lebensmittel.

In den Kalkulator gibt man so zunächst das Gewicht der Katze sowie deren Aktivität ein. Eventuell verlangt der Kalkulator auch nach der täglichen Futtermenge der Katze.

Dann wählt man die Fleischsorten und das Gewicht der zu verfütternden Teile die in dem Rezept verarbeitet werden sollen: z.B. 850 g Hähnchenbrust.

Jetzt kann man auch angeben, ob man natürlich oder mit Vitamin- und Mineralstoffpräparaten supplementieren möchte.

Weiterhin kann man eintragen, wie viel Prozent Wasser, Fett, Salz und Kalzium im Rezept enthalten sein sollte.

Haben Sie sich für die natürliche Supplementierung entschieden, müssen Sie die Supplemente wählen, mit denen Sie das Futter der Katzen ergänzen möchten.

Zum Schluss spuckt der Kalkulator ein Rezept aus, das aus den von Ihnen gewählten Fleischsorten sowie den dafür nötigen Supplementen besteht.

Nährwerttabelle

Nährwerttabelle Fleischsorten

Fleischsorte	KJ	Protien	Fett	Wasser	Kalzium	Phos.	Magn.	Kal.	Natr.	Eisen	Vit. A	Vit. E
in 100 g		g	g	g	mg	mg	mg	mg	mg	mg	myg	mg
Huhn (Brathuhn)	695	19,9	9,6	70,1	12	200	37	359	83	1,8	10	0,1
Huhn (Suppenhuhn)	1074	18,5	20,3	60	11	178	*	190	*	1,4	26	0,05
Hühnerbrust m. Haut	605	22,2	6,2	70,6	14	212	*	264	66	1,1	*	0,9
Hühnerbrust mager	*	24	1	73,7	14	210	27	240	95	0,5	*	*
Hähnchenschenkel m. Haut	726	18,2	11,2	69,7	15	188	33	250	95	1,8	*	0,1
Hühnerherz	519	17,3	5,3	74,3	5	164	*	262	110	1,7	9	1,7
Hühnerleber	567	22,1	4,6	70,3	11	300	13	218	68	9,5	12.800	0,4
Putenfleisch	658	20,2	8,5	70,4	25	226	27	300	63	1,4	13	2,5
Putenbrust ohne Haut	441	24,1	1	73,7	13	*	20	333	46	1	0	0,9
Putenschenkel	479	20,5	3,6	74,7	17	*	17	289	86	2	0	1,2
Pute (junges Tier)	631	22,4	6,8	69,7	26	238	28	315	66	1,5	x	1,9
Entenfleisch	951	18,1	17,2	63,7	14	187	22	270	38	2,5	5	0
Entenbrust	*	18,1	17,2	*	14	200	22	210	38	2,4	51	*
Gänsefleisch	1430	15,7	31	52,4	12	184	23	420	86	1,9	65	*
Wachtel	727	22,3	9,5	*	15	180	31	280	46	3,9	73	0,7
Rebhuhn	*	35	9	*	45	300	36	400	100	8	33	*
Kalbfleisch (mager)	397	21,9	0,8	75,8	13	198	16	358	94	2,1	x	0,2
Kalbsbrust	549	18,6	6,3	73,7	11	237	*	329	105	3	x	*
Kalbskeule	407	20,7	1,6	76,2	13	198	16	343	86	2,3	x	0,3
Kalbsleber	543	19,2	4,1	71,2	9	306	19	316	87	7,9	21.900	0,2
Kalbsniere	376	17,5	2,2	79,2	5	*	*	303	154	5	*	*
Rindfleisch (mager)	428	21,3	1,9	75,1	4	194	21	355	66	2,2	20	0,5
Rinderfilet	505	21,2	4	75,1	3	164	22	340	42	2,3	*	0,4
Rinderbraten	540	20	5	63,7	4	149	19	300	50	2,3	15	0,4
Rinderkeule	544	22,4	4,5	68,2	3	157	23	335	55	2,5	15	1,1
Rinderhack	904	22,5	14	61	4	190	33	199		2,4	0	0,4
Rinderherz	517	16,8	6	75,5	9	195	25	286	108	5,1	6	0,6
Rinderleber	508	20,3	2,1	69,9	7	352	17	282	116	6,5	15.300	0,7
Rinderlunge	412	18,1	2,9	77,5	13	224	*	228	198	7,8	55	0,5
Rinderniere	485	16,6	5,1	76,1	11	248	20	245	235	9,5	330	0,2
Rinderzunge	873	16	15,9	66,8	10	229	10	255	100	3	0	0,2
Lammfleisch (mager)	487	20,8	3,7	74,3	3	*	22	289	67	1,6	*	1,2
Lammbrust	1594	12	37	48	9	155	*	294	93	2,3	0	*
Lammkeule	979	18	18	64	10	213	23	380	78	2,7	0	0,5
Lammherz	661	16,8	10	72	4	160	16	248	118	6,1	*	*
Lammleber	556	21,2	4	70,4	4	364	14	282	95	12,4	9.500	*
Kaninchen	634	20,8	7,6	69,6	14	224	29	382	47	3,5	x	1
Hase	474	21,6	3	73,3	14	220	28	276	50	2,8	0	0,5
Hirsch	469	20,6	3,3	74,7	7	197	21	330	61	2,3	*	*
Rehkeule	407	21,4	1,3	75,7	5	220	*	309	60	3	0	*
Rehrücken	510	22,4	3,6	72,2	25	220	*	342	84	3	*	*
Ziege	624	19,5	7,9	70	10	*	*	*	*	2	36	1
Pferd	446	20,6	2,7	75,2	13	185	23	332	44	4,7	21	*
Lachs	845	19,9	13,6	65,5	13	226	29	371	51	1	15	0,9

x = nur in Spuren vorhanden
* = es liegt kein Wert vor
leider liegen keine Werte von Hühnerhälsen und Hühnerflügeln mit Knochen vor.

Zubehör für die Rohfütterung der Katze:

Ein paar Ausrüstungsgegenstände sind auch in der Katzenrohfütterung nötig, um ein schnelles Vorbereiten der Futterportionen zu gewährleisten. Verfügt man über das richtige Arbeitsmaterial, geht die Arbeit auch viel schneller von der Hand.
Folgendes Zubehör sollten Sie im Haus haben oder sich mit der Zeit anschaffen.

Messer:

Hier ist gute Qualität gefragt, um auch immer ein scharfes Messer zur Hand zu haben. Wer das Fleisch nicht schon fertig gewolft, sondern am Stück kauft, muss
es in katzengerechte Portionen und Stücke zerteilen. Hierfür ist das Messer unerlässlich.
Da sich das Messer mit jeder Verwendung ein wenig abnutzt, sollte es regelmäßig nachgeschärft werden. Wie oft, hängt von der Härte der Klinge und der Nutzung des Messers ab. Geschärft wird das Messer mit einem Messerschärfer aus Wetzstein oder einer Schärfbank aus Keramik. Auch das Schärfen mit einem Wetzstahl ist möglich (ausgenommen japanische Kochmesser).
Die Klinge des Messers sollte ca. 20 cm lang sein und aus möglichst hartem Stahl bestehen. Leider ist der ursprüngliche Hart-Messerstahl nicht rostfrei und so werden meist Messer aus weicherem aber spülmaschinengeeignetem Edelstahl angeboten. Sie sind pflegeleichter, müssen aber öfter nachgeschärft werden.
Kosten: ca. 30 Euro für ein gutes Messer.

Schneidebrett:

Auch das richtige Schneidebrett ist wichtig. Marmorbretter machen Messer stumpf. Glas ist ebenfalls nur bedingt geeignet. Besser sind Bretter aus Holz. Sie geben der Klinge des Messers nach und das Messer bleibt lange scharf. Wer sich dabei Gedanken um die Hygiene macht, der sollte wissen, dass Holz, aufgrund seiner enthaltenen Harze die Vermehrung schädlicher Bakterien verhindert. Wer alle Keime abgetötet haben möchte, legt das Brett in die Mikrowelle. Wichtig ist die Wahl eines möglichst harten Holzes. Denn je tiefer die entstehenden Rillen durch den Schneidevorgang sind, umso eher können sich Bakterien einnisten. Brettern aus einem Stück ist der Vorzug vor geleimten Brettern zu geben.
Holzbretter sollten alle paar Monate mit Speiseöl eingepinselt werden, das wirkt der Aufnahme von Feuchtigkeit und somit der Keimbildung entgegen.
Kunststoffbretter sind ebenfalls Messer schonend und lassen sich leicht in der Spülmaschine reinigen. Auch hier sind die entstehenden Rillen wie beim Holzbrett anfällig für Bakterienbesiedelungen. Teurere Bretter aus aufgeschäum-

tem Kunststoff halten länger und werden in der Spülmaschine nicht wellig.
Kosten: ca. 10 Euro für ein gutes Holz- oder Kunststoffbrett.

Feinwaage:
Feinwaagen werden auch als Präzisionswaagen oder Laborwaagen bezeichnet. Um die Ergänzungsfuttermittel der Katze abzuwiegen ist eine Feinwaage sehr praktisch.
Sie sollte in 0,01 g Schritten abwiegen. Wenn die Waage drei Stellen hinter dem Komma anzeigt, ist sie ideal für die Katzenfütterung geeignet.
Es gibt verschiedene Modelle von der digitalen Waage bis zum älteren Modell mit Schieber. Einige Modelle lassen sich mittels eines Justiergewichtes selbst kalibrieren, da mit der Zeit Ungenauigkeiten auftreten können. Weiterhin ist beim Kauf einer Waage zu berücksichtigen, welche Mengen man abwiegen möchte. Einige Modelle wiegen bis zu 50 g, andere bis zu 500 g. Ganz gleich für welche Waage Sie sich entscheiden, sie wird Ihnen wertvolle Dienste leisten.
Kosten: ca. 10 Euro.

Mörser:
Der Mörser dient dem Zerkleinern und Mixen diverser Ergänzungsfuttermittel. Besonders geeignet ist er um Eierschalen fein zu mahlen, die der Kalziumergänzung dienen. Porzellan- oder Steinmörser sind günstig und lassen sich gut handhaben. Wichtig ist ein möglichst schwerer Stößel, das macht die Arbeit weniger mühevoll.
Kosten: ca. 5 Euro.

Messlöffelset:
Um die Ergänzungsfuttermittel abzumessen ist es sinnvoll ein Messlöffelset zur Hand zu haben. Es gibt Messlöffel praktischerweise als Sets. Besitzt man eine Feinwaage benötigt man keine Messlöffel.
Kosten: wenige Euro.

Gefrierdosen/Beutel:
Diverse Gefrierdosen und Beutel sind in der Rohfütterung nahezu unerlässlich. So können sie größere Mengen Futter vorbereiten und einfrieren. Näheres dazu habe ich bereits im Kapitel über die Konservierung erläutert. Nützlich sind vor allem sehr flache Dosen. In flachen Dosen friert das Futter schneller ein und es taut schneller wieder auf als in hohen Dosen. Kosten: wenige Euro.

Vakuumgerät:
Steht nur eine kleine Schublade im Gefrierschrank zur Verfügung oder verfügen Sie nur über ein kleines Eisfach, so ist der Einsatz eines Vakuumgerätes recht nützlich. Die Verpackungen nehmen nicht so viel Platz weg und Sie können mehr Futter einfrieren. Ansonsten sollten Sie auf die Verwendung eines Vakuumgerätes aus Gründen des Umweltschutzes verzichten.
Kosten: ca. 20 Euro.

Beil, Geflügelschere:
Um Knochen wie z.B. Hühnerhälse oder Flügel zu zerkleinern, damit sie die geeignete Größe erhalten, kann ein kleines Beil oder eine Geflügelschere dienen. Sollten Sie diese Werkzeuge nicht im Haus haben und des Öfteren größere Teile zerkleinern müssen, so ist es ratsam, diese Anschaffung zu tätigen. Sie erleichtern die Arbeit immens.
Kosten: ca. 5 Euro.

Braunglasflaschen:
Werden wertvolle Öle nicht in Braunglasflaschen geliefert, so ist es sinnvoll diese Öle umzufüllen. In Braunglasflaschen sind Öle länger haltbar. So können alte Braunglasflaschen zum Einsatz kommen. Wichtig ist sie vorher einwandfrei zu reinigen, da Öle sehr empfindlich sind. Oder Sie besorgen sich in der Apotheke neue Braunglasflaschen.
Kosten: wenige Euro.

Zubereitung der Mahlzeiten

Die Zubereitung der Mahlzeiten ist abhängig davon, ob die Möglichkeit des Einfrierens besteht. Ist im Gefrierschrank ausreichend Platz können die Mahlzeiten eine Woche, oder noch länger, zuvor vorbereitet und portionsweise eingefroren werden.

Hierzu werden 1-2 kg Futter nach einem vorher errechneten Rezept zusammengemischt und in Tagesportionen verpackt. Das Fleisch wird mit den Ergänzungsfuttermitteln entweder in Stücken, Würfeln, längeren Streifen oder gewolft eingefroren.

Als erstes wird das Fleisch entweder auf Katzengröße geschnitten oder durch den Fleischwolf gegeben. Knochen wie Hühnerflügel oder Hühnerhälse können auch geschnitten, gewolft oder im Ganzen dem Futter beigegeben werden.
Bei vorher eingefrorenem Fleisch wird dieses vor der Zubereitung aufgetaut und dann mit den restlichen Zutaten vermischt.

Innereien wie Leber als Vitamin-A- oder Lachs als Vitamin-D-Supplement können fein gewolft oder püriert werden (eventuell mit ein wenig Fleisch zusammen) und mit dem restlichen Fleisch vermischt werden, so dass in jeder Tagesportion etwas davon enthalten ist. Alternativ können Lachs und Leber auch separat in einer Mahlzeit verfüttert werden, wenn die Katze dies bevorzugt.

Als nächstes werden die trockenen Supplemente wie Taurin, Salz, Kalzium, Bierhefe, Seealgen, Knochenmehl, Fortain etc. auf der Feinwaage abgewogen und mit warmem Wasser vermischt. Diese Mischung wird nun mit dem Fleisch vermengt. Hinzu kommen dann noch die flüssigen Supplemente wie z.B. Vitamin E, Öle und Eigelb. (Diese können je nach Gusto aber auch täglich/regelmäßig frisch dazu gegeben und nicht zusammen mit dem Rest eingefroren werden.)
Wenn die Katze es bevorzugt, können die Supplemente auch mit wenig Fleisch (10-20%) zusammen püriert und dann erst mit den restlichen Fleischbrocken vermischt werden.

Ballaststoffe wie Gemüse oder eingeweichte Getreideflocken bzw. Kleie können jetzt auch dazu gegeben werden. Bei mäkeligen Katzen empfiehlt es sich das Gemüse nicht zusammen mit dem Fleisch einzufrieren. Bitte denken Sie daran, die Flocken oder Kleie rechtzeitig einzuweichen.

Zuletzt wird bei Bedarf das Fett wie z.B. Schweineschmalz in einem kleinen Topf auf dem Herd geschmolzen, so dass es flüssig wird. Dann leicht abkühlen lassen und unter das Fleisch mischen.

Ist das Futter zubereitet, wird es in Tagesportionen abgewogen. Die Menge, welche die Katze pro Tag erhält, wird in einer Dose oder einem Beutel verpackt. Bei mehreren Katzen kann natürlich auch der Tagesbedarf aller Katzen in einer/einem Dose/Beutel eingefroren werden. (Wenn die Katzen nicht unterschiedliche Rezepte erhalten.)

Nun kann täglich das Futter aus dem Froster entnommen, aufgetaut und an die Katze verfüttert werden. Wurde das Gemüse nicht zusammen mit dem Rest eingefroren, kann es vor dem Verfüttern frisch püriert oder geraspelt dazu gegeben werden. Um den Tauvorgang zu beschleunigen, kann ein wenig warmes Wasser dem Futter beigemischt werden.

Futtertemperatur

Katzen fressen ihre Beute in noch warmem Zustand. Da Katzen keine Aasfresser sind, hat ihre Beute beim Verzehr noch Körpertemperatur. Mäuse weisen eine Körpertemperatur zwischen 38 und 39,5 °C auf. So gehen wir also davon aus, dass Katzen eher lauwarmes als kaltes Futter bevorzugen und die Erfahrung gibt uns recht. Wenn möglich sollte das Futter der Katze also niemals eiskalt in den Napf kommen. Am gesündesten wäre es leicht erwärmt.
Mischen wir das rohe Futter vor dem Verfüttern mit Wasser an, so können wir hierfür ein paar Milliliter warmes/heißes Wasser verwenden. Mit dem kalten Futter vermischt, ergibt dies dann ein für die Katze angenehm temperiertes Futter.

Soße für die Katzenmahlzeit

Ich kenne einige vierpfötige Spezialisten, die ihr Nassfutter lieben, weil es so viel Gelee bzw. Soße enthält. Wollen Sie Ihrer Katze das Rohfutter schmackhaft machen, so kann diese Soße gesünder als in den Fertigfuttermitteln „nachgebaut“ werden.

Um Gelee zu erhalten, kochen Sie Hühnerfleisch mit viel Haut daran in wenig Wasser aus. Das Fleisch sollte gerade bedeckt sein. Hierfür können Sie sowohl Hühnerflügel als auch Schenkel verwenden. Auch Schweinefüße oder die Füße von Rind oder Kalb können zum Auskochen hergenommen werden. So entsteht übrigens auch Gelatine.
Nach dem Auskochen muss die Brühe abkühlen. Dabei wird sie fest. Sie können Ihr Rohfleisch mit der noch nicht fest gewordenen Brühe vermischen und es dann einfrieren. So bekommt die Katze Gelee in Ihr Futter.

Auch Gelatine kann zum Andicken der Katzenmahlzeiten genutzt werden. Dafür das Pulver oder die

Blättchen zuerst in Wasser quellen lassen und dann erwärmen (max. 70°C, nicht kochen lassen). Beim Erkalten wird die Gelatine fest. Vorher kann sie mit den anderen Zutaten vermischt werden.

Mehrere Katzen – unterschiedliches Futter?

Bisher bin ich in diesem Buch von einer Katze ausgegangen. Dabei haben die meisten Katzenhalter, die auf artgerechte Haltung Wert legen, mindestens zwei der samtigen Hausgenossen zu Hause.

Bei der Haltung mehrerer Katzen kann die Rohfütterung selbstverständlich ebenso erfolgen. Einschränkend kann nur wirken, dass die Katzen unterschiedliche Vorlieben in Bezug auf ihr Futter haben. So dass z.B. eine Katze Rindfleisch liebt, die andere man damit jagen könnte. Fressen Ihre Katzen dieselben Nahrungsmittel gerne, haben Sie es einfach und können ein Rezept für alle Katzen zusammen erstellen. Andernfalls müssen Sie in den sauren Apfel beißen und getrennte Rezepte erstellen.
Das nimmt aber nur ein paar Minuten mehr in Anspruch. (Siehe Kalkulatoren)
Oder Sie füttern was alle Ihre Katzen mögen.

Da Ihre Katzen nicht nur in der Wahl der Lebensmittel unterschiedlich sind, sondern sich wahrscheinlich auch im Gewicht unterscheiden, kann der Mehrbedarf schwererer Katzen über die Fütterung von größeren Mengen Futter gedeckt werden. Sie supplementieren nach der Menge Futter und füttern unterschiedlich große Portionen an Ihre kleinen Tiger. Das heißt 1 kg Fleisch wird mit den entsprechenden Ergänzungsmitteln versetzt, die im Kapitel Ergänzungsmittel beschrieben wurden.
Als Berechnungsgrundlage für die Supplemente können Sie das Durchschnittsgewicht Ihrer Katzen verwenden, also bei 3 Katzen z.B. 5,4 kg +3,2 kg + 4,6 kg = 13,2 kg : 3 Katzen = 4,4 kg. Die Supplemente werden also für eine 4,4 kg Katze berechnet. Auf ihren Bedarf kommen die Katzen durch unterschiedlich große Mengen an Futter, da in der Regel die Katze von 5,4 kg Körpergewicht mehr Futter erhält als die Katze von 3,2 kg.

Sie können aber auch eine andere Methode wählen und die Supplemente für jede Katze extra berechnen und so auch die Aktivität etc. miteinbeziehen. Am besten geben Sie bei dieser Methode die Supplemente frisch, also kurz vor der Verfütterung dazu. Weil dies ziemlich kleine Mengen sind, wiegen Sie die trockenen Supplemente am besten für einen Zeitraum von 1-2 Wochen in einem kleinen Döschen für jede Katze ab. Teilen Sie den Inhalt optisch grob geschätzt auf den Zeitraum ein und verfüttern so

jeden Tag z.B. etwa 1 Löffelspitze an die Katze.
Die flüssigen Supplemente wie z.B. Vitamin E oder Lachsöl, von denen man nur kleine Tropfen über einen längeren Zeitraum benötigt, können wie gehabt in das Gesamtfutter gemischt oder aber z.B. 1 Tropfen in der Woche dem Futter zugegeben werden.

Selbstverständlich können Sie aber auch die aufwendigere Methode wählen und jeder Ihrer Katzen ein eigenes Rezept zusammen stellen, alle Supplemente zum Fleisch geben, einfrieren und verfüttern. Sie müssen dann nur auf den Schälchen o.Ä. vermerken, für welche Katze das Futter gedacht war.

Über- und untergewichtige Katzen

Mit der Rohfütterung nach Natural Cat Food können Sie die Rationen der Katze genau überwachen und haben es selbst in der Hand, ob Ihre Katze zu- oder abnimmt.

Soll die Katze abnehmen oder zunehmen empfiehlt es sich das Sollgewicht zur Berechnung der Futtermenge heranzuziehen. Wiegt die Katze also 3 kg und sollte besser 4 kg wiegen, so berechnet man die Futtermenge für ein Gewicht für 4 kg und die Katze wird mit der Zeit zunehmen. Oder man setzt die Aktivität für die Futtermengenberechnung herauf oder herunter.

Idealgewicht der Katze verschiedener Rassen (Tabelle)

Tabelle: Rassestandard Gewicht

Rasse	Männlich	Weiblich
Maine Coon	11 kg	6 kg
Norweg. Waldkatze	8 kg	4,5 kg
Perserkatze	5 kg	3,5 kg
Karthäuser	5 kg	3,5 kg
Europ. Kurzhaar	5 kg	3,5 kg
Birma	3,8 kg	3,4 kg
Russisch Blau	3,8 kg	3,4 kg
Abessiner	3,6 kg	2,9 kg
Siam	3,6 kg	2,9 kg
Burma	3,6 kg	2,9 kg
Somali	3,6 kg	2,9 kg

Bei der durchschnittlichen Hauskatze sind Kätzinnen über 5 kg und Kater über 6 kg fast immer übergewichtig.

Wobei man eine Gewichtsüberschreitung über 10% des Idealgewichtes als beginnendes Übergewicht, eine Überschreitung über 20% als manifestiertes Übergewicht bezeichnet.

Das Idealgewicht haben meist Katzen nach dem ersten Jahr ihres Wachstums, also im ersten Jahr nachdem sie ausgewachsen sind. Vergleichen sollte man das Gewicht auch mit dem Rassestandard (siehe Tabelle).

Gewicht der Katze

Diese Beschreibungen der Form der Katze ordnen sie ein von kachektisch (ausgezehrt) bis stark adipös (fettleibig/fettsüchtig).

Kachektisch
* sichtbare Rippen bei Kurzhaarkatzen
* kein tastbares Fettgewebe
* Lendenwirbel sichtbar
* Beckenknochen sichtbar
* sehr deutliche Taille
* im Bereich der Kniefalte sehr eingezogen

Sehr mager
* zwischen kachektisch und mager

Mager
* Rippen leicht tastbar, minimale Fettschicht
* sichtbare Taille
* sehr wenig Fett am Bauch
* Lendenwirbel leicht tastbar

Untergewichtig
* zwischen mager und idealgewichtig

Idealgewichtig
* gute Proportionen
* tastbare aber nicht sichtbare Rippen mit leichter Fettschicht
* geringe Fettschicht am Bauch
* Taille hinter den Rippen sichtbar

Übergewichtig
* zwischen idealgewichtig und stark übergewichtig

Stark übergewichtig
* Taille kaum wahrnehmbar
* Rippen schwer tastbar mit mäßiger Fettschicht
* leichte Bauchwölbung von oben sichtbar
* mäßige Bauchfettschicht

Fettleibig
* zwischen stark übergewichtig und stark fettleibig

Stark fettleibig
* Rippen nicht tastbar
* dicke Fettschicht über den Rippen
* starke Fettablagerungen im Bereich der Lendenwirbel
* keine Taille
* starke Bauchwölbung von oben sichtbar
* Hängebauch
* Fett im Gesicht und an den Gliedmaßen

Bitte beachten Sie, dass kastrierte Katzen und Kater oftmals einen Hängebauch zeigen ohne unter Übergewicht zu leiden.

Da Muskeln schwerer als Fett sind, sollten Sie sich nicht alleine auf das Wiegen der Katze verlassen, sondern auch den Fühl- und Sichttest hinzuziehen. (Siehe oben) Muskeln fühlen sich fest an, nicht schwabbelig wie Fett. Besonders die Rohfütterung kann die Katze kräftigen und an Muskelmasse zulegen lassen, ohne dass die Katze fett wird. Katzen die einmal hungern mussten haben kein Gefühl dafür, wann sie satt sind. Hingegen Katzen, die dies nicht erleben mussten, kann man bedenkenlos ad libidum füttern. Sie nehmen nur die Mengen auf, die sie benötigen.

Fütterung von Kitten und jungen Katzen

Bis zu einem Alter von ca. 1 Jahr gelten Katzen als Kitten bzw. Jungkatzen.
(Ausgenommen langsam wachsende große Katzen wie Maine Coon, Norwegische Waldkatzen, diese sind erst mit etwa 2-3 Jahren ausgewachsen.)

Ab der 4. Woche kann man mit der zusätzlichen Fütterung von rohem Fleisch an die Kitten beginnen. Anfangs sollte nur gewolftes Fleisch verfüttert werden. Große Stücke sind noch nichts für die kleinen Samtpfoten.

Obwohl junge Katzen in der Natur auch keine anderen Mäuse fressen als erwachsene Katzen, sollten wir sie als Katzenhalter ein bisschen anders als eine ausgewachsene Katze ernähren.

So brauchen die heranwachsenden Katzen viel größere Mengen Futter als eine erwachsene Katze. Durch die erhöhte Menge an Futter nehmen die jungen Katzen auch viel mehr Nährstoffe und vor allem Energie (Kalorien) auf.

Da die Katzen im jungen Alter viel Energie brauchen, kann die Fettmenge im Futter auch leicht erhöht werden und vor allem fetthaltiges Fleisch gefüttert werden.

Kalzium sollte bei Katzen im Wachstum öfters durch die Fütterung von gewolften Knochen ergänzt werden. Alternativ dazu kann Knochenmehl verfüttert werden.
Dies lässt auch den Wert an Phosphor ansteigen. Es sollte daher mit einem reinen Kalziumsupplement ergänzt werden.

Wer nicht so viel Knochen oder Knochenmehl füttern möchte, kann mit Knochen/Knochenmehl in Kombination mit einem Kalziumsupplement (wie Kalziumzitrat, Kalziumkarbonat oder Eierschale) das Fleisch ergänzen und ernährt die kleine Katze immer noch gut und gesund. Eine Möglichkeit wäre auch nur jedes 2.-3. Rezept mit Knochen(mehl) zu supplementieren und die anderen Rezepte mit einem anderen Kalziumergänzungsmittel zu berechnen.

Der Kalzium-Phosphor-Wert kann in der Kittenfütterung zwischen 1,15 - 1,3 : 1 liegen, also höher als bei erwachsenen Katzen.

Wichtig bei jungen Katzen ist auch möglichst abwechslungsreich zu füttern und auch mal eine Futterdose anzubieten. So umgeht man möglicherweise das Problem, dass Katzen nur ein bestimmtes Futter fressen. Siehe dazu auch das Kapitel über Neophobie der Katze.

Fleisch und auch gewolfte Knochen sind kein Problem für junge Katzen. Auch mit ihren Milchzähnen können sie kauen und fressen; sogar Fleisch am Stück und kleine Futtermäuse oder Eintagsküken (etwa ab der 12. Woche).

Futtermenge:

Am besten lässt man die heranwachsenden Kitten im ersten Jahr so viel Fleisch fressen, wie sie wollen. Die Rezepte werden mit den üblichen Ergänzungsmitteln supplementiert und nur der Kalzium-Phosphor-Wert durch die Fütterung von Knochen oder Knochenmehl nach oben verschoben.

So kann es vorkommen, dass die kleine Katze bis zu 400 g Fleisch am Tag verdrückt. Besonders viel fressen „die Kleinen" zwischen dem 7. und 10. Lebensmonat. Das ist jedoch völlig unbedenklich. Ist das Wachstum abgeschlossen, wird sie die normale Portion einer Katze fressen. Dies pendelt sich in der Regel mit dem Abschluss des Wachstums von selbst ein. Frisst die Katze allerdings weiterhin Unmengen, auch nach Abschluss der Wachstumsphase, so sollte das Futter rationiert werden.

In der Zeit des Wachstums wird es immer wieder Phasen geben, in denen die Katzen weniger Futter verlangen, dann wieder Zeiten, in denen sie pausenlos Hunger zu haben scheinen. Achten Sie darauf, was Ihre Katze möchte und füttern Sie die Mengen, die sie verlangt.
Muss eine Katze in jungen Jahren hungern, so kann sich das sehr ungünstig auf ihr späteres Gewicht auswirken. Sie hat dann kein Gefühl mehr dafür, wann sie satt ist. Solche Katzen neigen dann zu Übergewicht.

Die Futtermenge sollte auf möglichst viele kleine Portionen aufgeteilt werden. Je mehr Portionen – desto besser für die Katze.

Fütterung der tragenden und säugenden Katze

Vor der Bedeckung sollte die Katze in einem optimalen Zustand sein. Untergewicht kann sich sehr negativ auf die Föten auswirken. Auch eine Unterversorgung der Katze während der Trächtigkeit führt zu unterentwickelten Kitten bei der Geburt und zu hohen Sterblichkeitsraten.

Die Trächtigkeit der Katze dauert etwa 63-67 Tage. Der Energiebedarf der Katze steigt während der Trächtigkeit beträchtlich an. So kann ab etwa der zweiten Trächtigkeitswoche die Menge des Futters leicht erhöht werden. Ab diesem Zeitpunkt steigt auch das Gewicht der tragenden Katze.

Die Ration während der Trächtigkeit kann langsam und stetig auf das 1,25- bis 1,5-fache der normalen Ration erhöht werden. Also kann 25-50% mehr Futter verfüttert werden. Das Futter sollte auf mehrere Mahlzeiten verteilt werden. Dies belastet den Organismus weniger, zudem ist im Bauchraum durch die Föten ohnehin weniger Platz.

Während der Trächtigkeit nimmt die Katze bis zu 1 ½ kg zu. Etwa 40% davon verliert die Katze bei der Geburt der Jungen. Die restlichen 60% baut sie während der Säugephase ab.
Für die anstrengende Säugephase speichert die Katze Energie in Fettreserven schon während der Zeit der Trächtigkeit, denn der Energiebedarf während der Laktation (Säugephase) steigt auf bis zu 90% an. Dies ist allerdings auch von der Größe des Wurfes abhängig.

Ich empfehle säugende Katzen so viel sie mögen fressen zu lassen und das Futter nicht zu rationieren. Das Futter sollte auf möglichst viele Mahlzeiten aufgeteilt werden.

Wichtig für säugende Katzen ist Flüssigkeit. Ich empfehle das Futter der Katze mit ein wenig mehr Wasser zu vermischen als sonst üblich.

Ab etwa der 4. Woche können die Kitten mit gewolftem Rohfleisch zugefüttert werden. Ab diesem Zeitpunkt sinkt der Bedarf der Kätzchen an Muttermilch und somit auch der Energiebedarf der Mutter. Die Futterration der Kätzin kann jetzt langsam wieder reduziert werden.

Fütterung von Katzensenioren

Zuerst einmal die Frage, wann ist eine Katze ein Senior? Die Futtermittelindustrie versucht uns Katzenhalter ja schon eine 8-10-jährige Katze als Greis zu verkaufen, dabei können Katzen über 20 Jahre alt werden. Leider werden die meisten vorher überfahren oder sterben an Nierenversagen.
Im Prinzip und bei guter Gesundheit kann eine Katze im Alter mit denselben Zutaten ernährt werden wie erwachsene Katzen.
In der Regel ist es so, dass der Bewegungsdrang der Katze mit dem Alter abnimmt. Auch der Stoffwechsel verlangsamt sich und so benötigt die Katze weniger Energie (Kalorien) in ihrem Futter. Die Menge des Futters kann also reduziert werden.
Eventuell kann auch etwas nierenschonender gefüttert werden und auf hohe Gesamtwerte an Kalzium und Phosphor verzichtet werden. So sollten weniger Knochen bzw. Knochenmehl verfüttert werden.
Als Kalziumsupplement nutzt man in einer nierenschonenden Diät Kalziumkarbonat, da dieses besser verwertet wird.
Die Zugabe von Salz sollte man um die Hälfte reduzieren und Bierhefe kann durch einen Vitamin-B-Komplex aus der Apotheke ausgetauscht werden, denn Bierhefe enthält viel Phosphor.
Die Supplementierung von Vitamin E über die Fütterung von Weizenkeimöl sollte durch die Gabe von Vitamin-E-Tropfen ausgetauscht werden. Pflanzenfette belasten die Niere, da sie nur schwer verwertbar sind.

Spezialdiäten bei Erkrankungen

Folgende Tipps ersetzen keinen Tierarzt und dienen nur der Anregung zur Fütterung bei Erkrankungen der Katze. Weitere Maßnahmen und Fütterungsempfehlungen sollten Sie mit Ihrem Tierarzt oder Tierheilpraktiker besprechen, der Ihr Tier und die Erkrankung Ihres Tieres genau kennt.

Nierenerkrankungen

Die Aufgabe der Nieren ist die Filterung des Blutes und damit die Ausscheidung der Abfallprodukte über den Urin. Sie regulieren den Wasser- und Elektrolythaushalt.
Bei Erkrankungen oder Schädigungen der Nieren kann diese Funktion nicht mehr ausgeführt werden.
Die schlimmste Form der Nierenerkrankungen ist die Chronische Niereninsuffizienz, auch CNI genannt, das chronische Nierenversagen der Katze.
CNI ist unheilbar. Durch die Abfallprodukte im Körper wird die Katze schleichend vergiftet.
Was wie eine plötzliche akute Erkrankung im Alter aussieht, ist eine über Jahre hinweg geschehene Vergiftung.
Die Symptome zeigen sich meist erst, nachdem bis zu 60-70% des Nierengewebes geschädigt sind. Hierbei ist anzumerken, dass auch Wildkatzen in der Natur an Nierenversagen sterben und dies keine reine Zivilisationskrankheit ist.
Katzen, die unter CNI leiden kann man auch rohfüttern, man sollte dabei aber einige Besonderheiten beachten.

Bei der Fütterung ist vor allem ein niedriger Phosphorgehalt der Nahrung wichtig.

* auf niedrige Kalzium-Phosphor-Werte achten
* Phosphor-Überschuss durch Kalziumkarbonat als Kalziumsupplement ausgleichen
* keine Knochen und kein Knochenmehl verfüttern (zu viel Phosphor)
* Bierhefe austauschen durch Vitamin-B-Komplex aus der Apotheke (zu viel Phosphor)
* keine künstlichen Vitaminpräparate füttern
* Salzgehalt der Nahrung um mindestens die Hälfte reduzieren
* Weizenkeimöl durch Vitamin-E-Tropfen ersetzen
* keine Pflanzenöle verfüttern (belasten die Nieren)
* nur tierisches Fett verfüttern
* kein Getreide verfüttern

Steinerkrankungen
(Struvit/Oxalat)

Bei der Katze kommen zwei Arten Blasensteine vor: Struvitsteine und Oxalatsteine.
Sie entstehen z.B. durch falsches Futter, ungenügende Flüssigkeitsaufnahme, Vererbung oder Infek-

tionen des Harntraktes und sind sehr schmerzhaft für das Tier.
Mit einer Regulierung des pH-Wertes kann der Steinbildung entgegen gewirkt werden und im günstigsten Fall können die Steine aufgelöst werden.
Zur Kontrolle des pH-Wertes muss der Urin der Katze mit einem Urinteststreifen getestet werden. Der Urin der Katze kann mit einer Suppenkelle während des Urinierens aufgefangen werden.
Klappt dies nicht, gibt es spezielle Katzenstreu, die beim Tierarzt und im Zoofachhandel erhältlich ist.
Der pH-Wert sollte zwischen 6,2 und 7,2 liegen und im nüchternen Zustand (nicht direkt nach dem Fressen) gemessen werden.

Struvitsteine:

Sie sind die häufigsten Steine. Der pH-Wert ist meist zu hoch, weshalb zu ihrer Auflösung der Urin angesäuert werden sollte.
Das heißt der pH-Wert muss gesenkt werden. Hierbei ist darauf zu achten, dass der Wert nicht unter 6,2 absinkt, da sonst die Gefahr von Oxalatsteinen besteht.

* Kalziumzitrat füttern statt -Karbonat, da es den Urin leicht ansäuert
* Magnesium reduzieren (kein Spirulina verfüttern)
* Bierhefe weglassen (Magnesium)
* Medikamente vom Tierarzt zum Ansäuern des Urins verwenden
* kein Gemüse verfüttern
* keine Knochen und kein Knochenmehl

Oxalatsteine:

Oxalatsteine benötigen basischen Urin zur Auflösung. Lassen Sie sich von einem Tierarzt oder Tierheilpraktiker beraten.

Allergien:

Tipps zu Allergien gibt es im Kapitel über Allergien und die Ausschlussdiät
* Ausschlussdiät durchführen
* Allergie auslösendes Futtermittel weglassen
* auf Getreide verzichten
* eventuell Bierhefe gegen Vitamin-B-Komplex austauschen

Herzerkrankungen:

* bei HCM (auch HKM genannt, hypertrophe Kardiomyopathie) und auch bei RCM (restriktive Kardiomyopathie) wird empfohlen, nur den absoluten Mindestbedarf an Taurin dem Futter beizugeben, da man davon ausgeht, dass Taurin den Herzmuskel kräftigt. Meiner Meinung nach heißt kräftigen nicht gleich die Verdickung unterstützen.
* bei DCM (dilatierte Kardiomyopathie) wird allgemein Taurin in erhöhter Dosierung empfohlen zur Kräftigung des Herzens.
* Zahnstein begünstigt übrigens Herzerkrankungen (Toxine) und Rohfütterung reinigt die Zähne.

Diabetes:

* keine Kohlenhydrate, da diese Zucker enthalten
* testen Sie welche Fleischsorten zu einem erhöhten Blutzuckerspiegel führen. Huhn treibt meist den Blutzuckerspiegel in die Höhe, während Lamm- und Pferdefleisch diese Wirkung nicht haben
* mehrere kleine Mahlzeiten in regelmäßigen Intervallen verfüttern

Epilepsie:

* keine Bierhefe verfüttern (kann Allergien und somit Stress auslösen). Stattdessen auf einen Vitamin-B-Komplex ausweichen
* auf Konservierungsmittel, Farbstoffe und Geschmackstoffe jeglicher Art verzichten
* am besten ausschließlich Bioprodukte verfüttern (keine Hormone und Antibiotikarückstände)
* auf Zucker verzichten

Tumorerkrankungen:

* Tumore rauben der Katze viel Energie, deshalb energiereicher füttern
* kein Getreide verfüttern. Ballaststoffe in Form von Gemüse verfüttern
* glutenfreie Getreidesorten sind kein Problem
* möglichst leichtverdauliche Nahrungsmittel verfüttern

Magen-Darmerkrankungen:

* Darmsanierung mit Milchsäurebakterien bei Schäden des Darmes
* bei ungenügendem Kotabsatz Menge der Ballaststoffe erhöhen
* bei Verstopfung kann das Verfüttern von ein wenig Milch helfen
* bei Durchfall kann Hühnerfleisch auch leicht gekocht zusammen mit gekochten Kartoffeln angeboten werden
* achten Sie darauf, dass die Katze ausreichend Flüssigkeit zu sich nimmt, da es sonst bei Durchfall zu einer Dehydration kommen kann. Evtl. auf 250 ml 1 TL Zucker sowie 1 Prise Salz geben
* Ulmenrinde kann bei Magen-Darmerkrankungen helfen

Fellprobleme:

* Taurin wirkt sich günstig auf das Fell der Katze aus. Besonders verfilztes Fell bessert sich unter der Taurinzugabe
* Lachsöl verbessert ebenfalls Fell und Haut der Katze
* im Fellwechsel kann eine Kur mit Nachtkerzenöl durchgeführt werden. (2-4 Tropfen täglich über 4 Wochen)
* bei trockener Heizungsluft und schuppiger Haut der Katze helfen Luftbefeuchter

Die Umstellung auf Rohfütterung

Während ich bei Hunden die sofortige Umstellung empfehle, gehe ich bei Katzen vorsichtiger ans Werk. Die Katze soll sich erst einmal an das rohe Fleisch heran tasten und auf den Geschmack kommen. Sie darf die unterschiedlichen Fleischsorten kennen lernen und auch mal einen Hühnerhals oder Hühnerflügel testen.

Bekommt die Katze bislang Trockenfutter, so ist es ratsam, sie erst einmal auf Nassfutter umzustellen sowie das Futter in Mahlzeiten anzubieten und nicht den ganzen Tag zur freien Verfügung anzubieten.
Nassfutter enthält mehr Feuchtigkeit und ist dem Rohfutter ähnlicher.
Frisst die Katze kein Nassfutter so kann zuerst ihr gewohntes Trockenfutter befeuchtet werden. Die Menge des beigegebenen Wassers können Sie mit der Zeit erhöhen, so dass das Futter bald den Feuchtigkeitsgehalt von Nassfutter aufweist. Um die Katze nun an das richtige Nassfutter zu gewöhnen, geben Sie ihr jeden Tag eine winzige Portion Dosenfutter unter ihr angefeuchtetes Trockenfutter. Damit der Rest der Dose nicht verdirbt, können Sie ihn in Miniportionen einfrieren. Gut geeignet dafür ist ein Eiswürfelbereiter. So können Sie jeden Tag einen Minieiswürfel Naßfutter entnehmen und unter das gewohnte Futter der Katze mischen. Nach und nach kann die Menge an Nassfutter erhöht werden.

Der nächste Schritt ist die Gewöhnung an rohes Fleisch. Anfängerhäppchen Rohfleisch können z.B. Hühner- oder Putenbrust sein. Rindfleisch sollte erst später gegeben werden. Wenn die Katze diese „Snacks“ akzeptiert, können andere Sorten getestet werden wie z.B. Hühnerherzen oder Hühnermägen.

Weigert sich die Katze rohes Fleisch zu fressen, so kann es hilfreich sein, es zuerst sehr fein zu wolfen (Hackfleisch) oder es mit einer schmackhaften Panade aus zermörsertem Trockenfutter oder dem Saft des Dosenfutters zu versehen.

Anfangs ist es auch möglich sehr wenig rohes Fleisch unter die Nassfutterration der Katze zu mischen und die Menge langsam zu steigern. Auch das Kochen (oder Überbrühen mit heißem Wasser) des Fleisches ist anfangs erlaubt, wenn es hilft die Akzeptanz der Katze zu steigern. Nach und nach kann dann die Garzeit des Fleisches reduziert werden, bis das Fleisch roh in den Napf der Katze kommt.

Interessant macht das Fleisch für die Katze auch ein Beutespiel. Rumwedeln mit dem Fleisch, so dass die Katze es fangen muss, damit spielt und so auf den Geschmack kommt. Auch in hohem Bogen wegwerfen, es hoch halten, so dass die Katze nicht daran kommt oder „zufällig" etwas beim Kochen runter fallen lassen, kann die Katze dazu bringen, sich für rohes Fleisch zu interessieren.

Die Menge des Fleisches kann nach der Eingewöhnungszeit gesteigert werden. 20% des Fertigfutters lassen sich durch rohes Fleisch ergänzen ohne das zusätzlich supplementiert werden muss. Bekommt die Katze also bei ca. 4 kg Körpergewicht 200 g Fertigfutter pro Tag (das ist in der Regel mehr als die Futtermenge bei Rohfütterung!) sind das 1400 g pro Woche. 20% von 1400 g macht 280 g Rohfleisch in der Woche. Diese 280 g werden vom Fertigfutter abgezogen und durch rohes Fleisch ersetzt. Es müssen keine Ergänzungsfuttermittel zusätzlich an die Katze verfüttert werden.

Die Gewöhnung an die Supplemente ist der nächste Schritt. Beginnen Sie damit etwas Taurin unter das Futter zu mischen. Bitte nicht nur drüberstreuen, sondern richtig mit dem Futter vermengen. Eventuell kann es vorher noch mit ein wenig Wasser vermischt werden. Als nächstes kommt dann eine kleine Prise Salz hinzu, dann ein bisschen fein gemahlene Eierschale, ein wenig zerlassenes Schmalz, ein bisschen Vitamin E u.s.w. bis Sie die Katze an alle Ergänzungsfuttermittel gewöhnt haben. Nun kann die Rohfleischmenge gesteigert werden und z.B. 50% roh gefüttert werden oder gleich auf 100% Natural Cat Food umgestellt werden.

Haben Sie die 100% Rohfutter erreicht, so füttern Sie dennoch hin und wieder mal ein Schälchen oder Döschen Nassfutter, damit die Katze auch dies weiterhin akzeptiert. Sie wissen nicht, ob es nicht mal nötig sein wird, dass Ihre Katze z.B. in einer Klinik versorgt werden muss. Ungünstig, wenn Ihre Katze dann nur Rohkost zu sich nehmen möchte.

Teil-Rohfütterung

Wollen Sie Ihrer Katze etwas Gutes tun, trauen sich aber nicht ganz auf die Rohfütterung umzusteigen (die Gründe können vielfältig sein) so können Sie auch erstmal nur auf Teilrohfütterung umstellen. Wie im Kapitel über die Umstellung der Katze auf Rohfütterung beschrieben, kann bei einer Rohfütterung von bis zu 20% der Gesamtfuttermenge ganz auf Ergänzungsfuttermittel verzichtet werden.

Übersteigt die Rohfuttermenge 20% sollte zusätzlich supplementiert werden. Die Berechnung ist allerdings nicht einfach und richtet sich nach dem Gehalt an Nährstoffen, Mineralien, Vitaminen und Zusätzen im Fertigfutter sowie dem Gehalt des Fleisches. Teilrohfütterung ist also fast noch komplizierter als die Rohfütterung und ich empfehle die reine Rohfütterung mit Natural Cat Food.

Das Rohfüttertagebuch

Das Führen eines Fütterungstagebuches ist für den Anfang sehr zu empfehlen. So kann man genau beobachten, was man der Katze füttert und wie sie auf die Bestandteile der ungewohnten Nahrung reagiert. Bekommt sie von bestimmten Zutaten Durchfall? Verträgt sie ein Nahrungsmittel nicht? Mag sie ein Nahrungsmittel weniger gerne? Liebt sie dafür ein anderes?
Auch bei der Durchführung der Ausschlussdiät ist das Anlegen eines Fütterungstagebuches anzuraten. Zudem ist es mit Hilfe des Rohfüttertagebuches möglich, eventuelle Entgiftungserscheinungen der Katze besser und sicherer zu erkennen.

Am besten geeignet ist ein Notizheft, in dem man all die Nahrungsmittel protokolliert, die der Katze mit ihren Mahlzeiten gereicht werden.

Das jeweilige Datum und die Uhrzeit der Fütterung sollten ebenfalls notiert werden.

Wichtig könnte auch sein, wie die Katze das Futter aufnimmt, ob sie schlingt oder am Futter rummäkelt, ob sie großen Hunger zu haben scheint oder wenig Hunger zeigt.

Auch die Wasseraufnahme sollte vermerkt werden. Dazu misst man das Wasser ab, das man in den Napf schüttet und misst die übrig gebliebene Menge beim Wasserwechsel. Die Differenz der beiden Werte wird notiert. Daran lässt sich erkennen, wie viel Wasser die Katze in etwa zu sich nimmt. Wasser, das außerhalb des Hauses in Pfützen und Gewässern aufgenommen wird, lässt sich so freilich nicht überprüfen.

Das Tier muss beim Führen eines Fütterungstagebuches genauestens beobachtet werden. Hierzu zählen sowohl sein Verhalten als auch die Beschaffenheit des Kotes, die Häufigkeit des Kotabsatzes sowie andere ungewöhnliche Symptome wie Juckreiz, Schuppen etc. Alle Auffälligkeiten sollten ordentlich notiert werden.

Mit dieser Methode kann der Katzenhalter die Katze sowie deren Fütterung gut über mehrere Wochen oder Monate beobachten. Das Anlegen eines Rohfüttertagebuches ist praktisch und nützlich und erleichtert dem Halter den Beginn der gesunden Fütterung mit Natural Cat Food.

Einkauf der Zutaten

Vor ein paar Jahren hatte man noch echte Not an geeignete Zutaten für die Rohfütterung zu gelangen. Fleisch beim Schlachthof oder in Metzgereien zu bekommen gestaltete sich als Abenteuer; Supplemente musste man teuer (wenn man sie überhaupt bekam) in der Apotheke erstehen und so galt vor allem dieser erhebliche Aufwand als Argument gegen die Rohfütterung.
Gott sei Dank sind die Aussichten für Neu-Rohfütterer heute weitaus rosiger.
Fleisch erhält man heute recht gut auch in Internet-Shops, wo es sogar auf die beliebige Grammmenge abgewogen und verpackt wird.
Da Katzen nicht die Menge an Fleisch verzehren wie ein Hund von 20 oder 30 kg, kann der Einkauf des Fleisches auch beim Metzger erfolgen. Ich rate unbedingt zu der Verfütterung von Bio-Fleisch, weshalb mir mein Kapitel zur Ethik auch sehr am Herzen liegt.

Die meisten Zusätze für die Fütterung mit Natural Cat Food sind ebenfalls am leichtesten und günstigsten im Internet zu beziehen. (Natürlich kann man dort aber auch anrufen und per Telefon bestellen.) Taurin z.B. ist übers Internet am günstigsten erhältlich, zur Not kann man es aber auch in der Apotheke bestellen (leider sehr teuer). Gute und günstige Kalziumergänzungen wie Algenkalk, Kalziumzitrat, Kalziumkarbonat oder Knochenmehl erhält man auch über Internetshops genauso wie z.B. Fortain oder Seealgenmehl.

Wertvolle Öle und Fette sind in ausgewählten Supermärkten oder Bioläden erhältlich.
Hier bekommt man auch diverse Salzsorten wie Stein-, Himalaja- oder Meersalz.

In Bioläden und Reformhäusern kann man Bierhefe von guter Qualität kaufen. Hier bekommt man auch Ballaststoffe wie Kleie oder Flocken.

In der Apotheke erhält man Lachsöl, Eisen und Vitamin-E-Tropfen. Auch Kalziumzitrat und Kalziumkarbonat kann man hier kaufen, wenn man nicht im Internet bestellen kann oder möchte.

In Drogeriemärkten erhält man Lachsöl- und Vitamin-E-Kapseln.

Zeitmanagement

Der Zeitfaktor ist immer noch ein beliebtes Argument gegen die Rohfütterung.
Wenn man genügend Platz in der Tiefkühltruhe hat, kann man Futter für mehrere Wochen oder sogar Monate auf Vorrat herstellen.

Hat man die richtigen Einkaufsmöglichkeiten erschlossen, können die Einkäufe geplant werden. Das Fleisch sollte man nur dann einkaufen, wenn man am selben Tag über ein wenig Zeit verfügt, um es zu portionieren und einzufrieren, damit es nicht lange ungekühlt lagern muss.

Vor dem Einkauf ist zu überlegen, was und wie viel man für die Rezepte benötigt, wie viel Platz in der Tiefkühltruhe zur Verfügung steht und ob man ausreichend Gefrierbeutel bzw. Schälchen/Döschen zur Hand hat.

So kann man in ein paar Minuten die Mahlzeiten von bis zu mehreren Monaten zusammenstellen und tiefkühlen. Die einzelnen Schritte habe ich im Kapitel über die Zubereitung der Mahlzeiten beschrieben.

Diese Arbeit dauert anfangs länger, geht einem aber bei ein wenig Übung bald leicht von der Hand.
(Ist dies dennoch zu viel Arbeit, gibt es natürlich auch die Möglichkeit, über den Versandhandel bereits portioniertes Fleisch zu beziehen.)
Das Fleisch wird mit den Ergänzungsfuttermitteln in Portionen eingefroren, die für einen Tag (auch für mehrere Katzen) ausreichen.

Diese höchstens ein paar Stunden andauernde Arbeit macht einem das tägliche Füttern des Rohfutters fast so einfach wie das Öffnen einer Dose Fertigfutter.

Jetzt ist es nur noch nötig, täglich den entsprechenden Beutel (Dose) mit dem gefrorenen Fleisch herauszulegen und auftauen zu lassen und gegebenenfalls noch mit anderen Ergänzungsfuttermitteln sowie ein wenig warmem Wasser zu versehen.

Wichtig ist nur daran zu denken, die Beutel mit dem Fleisch rechzeitig aus dem Tiefkühlschrank zu nehmen und den Nahrungsmitteln die Möglichkeit zu geben, schonend aufzutauen.

Verhalten bei der Fütterung

In der Rohfütterung kann man eine ganze Reihe Verhaltensweisen bei der Katze beobachten, die man sonst nicht „geboten" bekommt.
Erhalten Katzen größere Stücke Fleisch, so ist besonders das Verschleppen hoch im Kurs. Halten Sie am besten die Türen geschlossen, damit verschleppte „Beute" nicht aus Versehen irgendwo hinter dem Sofa in Vergessenheit gerät.
Wenn die Katze die Fleischteile nicht verschleppt, dann frisst sie sie auch gerne neben dem Napf, was leider viel Schmutz hinterlässt. Abhilfe kann hier eine abwaschbare Unterlage schaffen.
Weitere Verhaltensweisen sind das Schütteln und Werfen der Nahrung. Die Katze verfährt hier mit dem Futter so wie in der Natur mit einem Beutetier. Es kann passieren, dass Sie die Fleischreste von den Wänden kratzen müssen. Füttern Sie also möglichst nicht in der Nähe von Tapeten, die Sie nicht abwischen können.

Auch Futterneid kommt bei Katzen vor. Selbst Katzen, die ein Leben lang ihr Fertigfutter nebeneinander verspeist haben, knurren bei der Fütterung des leckeren Rohfutters andere Katzen an. Am besten füttern Sie diese Katzen getrennt voneinander.

Ansonsten können Sie bei der Fütterung von Rohfutter ein wohliges Schnurren vernehmen, wenn Ihre Katze auf den Fleischstücken herumkaut.

Allergien

Auch bei Katzen nehmen Allergien auf Futtermittel immer mehr zu. Die Symptome bilden eine breite Palette von Juckreiz, Haarverlust, Ohrenentzündungen oder tränenden Augen bis zu Magen-Darm-Beschwerden, Erbrechen, Blähungen und (starkem) Durchfall.
Besonders häufig kommen Allergien bei der Katze gegen Getreide, hier vor allem gegen Weizen vor, aber auch auf Rindfleisch, Soja und Milchprodukte kann die Katze allergisch reagieren. Manche Katzen sind allerdings auch gegen ein ganz anderes Futtermittel allergisch, wie Hühnerfleisch, Bierhefe etc. Eine Katze kann auch auf mehrere Lebensmittel reagieren. Häufig kommen Allergien gegen eine ganze Reihe Nahrungsmittel vor.
Die Diagnose einer Futtermittelallergie ist am einfachsten über eine sogenannte Ausschlussdiät zu stellen. Allerdings ist dieses Verfahren sehr langwierig, da es sich über 3-4 Monate erstreckt, in denen die Katze nach einem strengen Diätplan ernährt werden sollte.

Ausschlussdiät

Die Ausschlussdiät, auch Eliminationsdiät genannt, muss sehr streng und konsequent durchgeführt werden, um heraus zu finden, was der Verursacher der Allergie ist. Es wird nach einem strengen Futterplan vorgegangen.

Wichtig ist, mit Nahrungsmitteln anzufangen, die die Katze noch nicht kennt. Man muss sich also zu Beginn genauestens überlegen, welches Fleisch die Katze noch nie erhalten hat. Die erste Zeit darf lediglich Fleisch an die Katze verfüttert werden. Das kann z.B. Lammfleisch, Kaninchen, Pferdefleisch oder gar Straußenfleisch sein.
Da inzwischen viele Fertigfuttermittel Lamm enthalten, ist eher Kaninchen, Pferd oder Strauß geeignet.

Ausschließlich dieses Fleisch sollte mindestens über 4-6 Wochen gefüttert werden oder zumindest so lange, bis allergische Symptome nicht mehr erkennbar sind. Tritt die Besserung relativ rasch ein, kann mit großer Sicherheit davon ausgegangen werden, dass die Katze unter einer Nahrungsmittelallergie leidet.
Das nebenbei keinerlei Leckerchen, Snacks, Supplemente, Vitaminpasten oder Essensreste gefüttert werden dürfen, versteht sich von selbst. Dies würde das Ergebnis verfälschen. Medikamente gegen die Allergie dürfen während dieser Zeit der Katze nicht verabreicht werden. Dies würde das Ergebnis ebenfalls verfälschen und die ganze Mühe wäre umsonst.

Ist nach ein paar Wochen reiner Fleischfütterung eine Besserung eingetreten, kann damit begonnen werden, alle 7-14 Tage ein neues Nahrungsmittel dem Futter hinzuzufügen. Das können erstmal die Ergänzungsmittel sein. Später dann kommen die unterschiedlichen Fleischsorten dazu. Immer nur EIN neues Futtermittel (zusammen mit dem bekannten Nahrungsmittel verfüttern). Bei den Supplementen würde ich mit einem Kalziumsupplement beginnen, dann Taurin testen und dann die anderen Ergänzungsmittel heranziehen.

Reagiert die Katze in dieser Zeit nicht und zeigt keine allergische Reaktion, darf davon ausgegangen werden, dass sie den neuen Bestandteil der Fütterung verträgt.
Dieses Futtermittel wird auf die grüne Liste gesetzt. Reagiert die Katze auf ein Futtermittel allergisch, so weiß man genau, um welchen Bestandteil des Futters es sich handelt. Dieses Nahrungsmittel landet auf der roten Liste.

Über das Gefütterte, wie über die Reaktionen der Katze ist genauestens Buch zu führen. Siehe dazu auch im folgenden Kapitel über das Rohfüttertagebuch. Jedes Nahrungsmittel muss notiert werden, ebenso jede noch so kleine ungewöhnliche Reaktion der Katze.

Füttert man diese Eliminationsdiät, muss man keine Mangelerscheinungen befürchten. Mangelerscheinungen benötigen längere Zeit um aufzutreten. Die Katze wird während der Ausschlussdiät zwar nicht besonders ausgewogen ernährt, nach der Diät ist es aber möglich, sie wieder gesund und ohne Allergie auslösende Nahrungsmittel zu füttern.

Ist ein vermeintlicher Auslöser der Allergie gefunden, sollte nach einer Zeit der Fütterung mit verträglichen Futterbestandteilen ein Provokationstest durchgeführt werden, indem gezielt das Allergie auslösende Futter verfüttert wird. Reagiert die Katze dann positiv und zeigt allergische Symptome, kann man sicher sein, einen Allergieauslöser im Futter gefunden zu haben.

Die Allergie auslösenden Bestandteile des Futters, die mit der Ausschlussdiät herausgefunden wurden, sollten längere Zeit komplett vom Speiseplan der Katze gestrichen werden. Ist eine längere Zeitspanne vergangen, kann getestet werden, ob sie immer noch allergisch auf das jeweilige Futtermittel reagiert. Man gibt ein wenig des Allergie auslösenden Nahrungsmittels in das Futter und wartet eine Reaktion ab. (Die kann ein paar Tage auf sich warten lassen.)
Zeigt sich eine Reaktion, ist die Katze immer noch allergisch auf den Futterbestandteil. Das Nahrungsmittel sollte dann weiterhin nicht verfüttert werden. Zeigt sich keine Reaktion, kann es sein, dass die Katze nun nicht mehr allergisch auf das Nahrungsmittel reagiert. Das Nahrungsmittel kann also ab und zu probeweise wieder

gefüttert werden. Ist immer noch keine Reaktion zu beobachten, weist die Katze keine Allergie mehr gegen das Futtermittel auf. Es kann problemlos wieder in die Fütterung integriert werden.

Bedenken sollte man bei der Durchführung der Ausschlussdiät, dass es auch vorkommen kann, dass die Katze nur in einer speziellen Kombination des Futters auf bestimmte Bestandteile der Fütterung allergisch reagiert. Es kann z.B. sein, dass sie nur allergische Reaktionen zeigt, wenn sie Rindfleisch zusammen mit Weizenkleie frisst, nicht aber wenn sie Rindfleisch mit Reisflocken erhält oder aber Lammfleisch mit Weizenkleie. Diese Gegebenheiten sollten berücksichtigt werden.
Die Ausschlussdiät dauert einige Wochen, in denen die Katze, ich kann es nur wiederholen, sehr konsequent gefüttert werden muss. Dies ist für den Katzenhalter nicht immer sehr einfach und erfordert viel Durchhaltevermögen. Ich möchte die Halter von futtermittelallergischen Katzen dennoch ermutigen, die Diät einzuhalten und bis zum Ende durchzuführen. Sie verbessert die Lebensqualität der Katze immens.

Wem diese Prozedur zu umständlich erscheint, der kann auch Allergietests oder einen Bioresonanztest vom Tierarzt oder Tierheilpraktiker durchführen lassen. Diese Tests sind aber niemals so genau wie die Ausschlussdiät.
Die Begleitung der Ausschlussdiät durch einen Tierheilpraktiker ist aber als positiv zu bewerten. Der/die Tierheilpraktiker/in kann eventuelle Verbesserungen auch besser erkennen, da sie/er nicht täglich mit dem Tier zusammen ist.

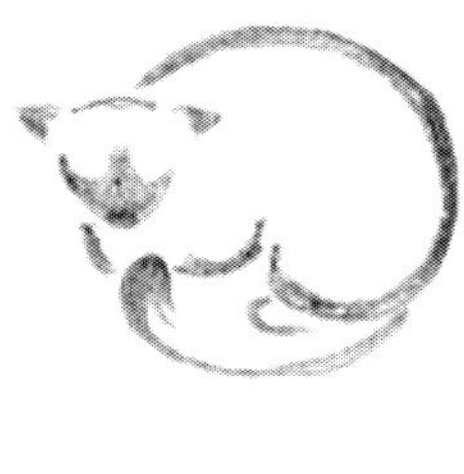

Futterwechselmechanismus und Neophobie

Ein Nachteil kann auch der Futterwechselmechanismus oder die Neophobie (Angst vor dem Neuen) der Katze sein, zwei scheinbar völlig konträre Angewohnheiten. Diese Verhaltensweisen kennt man zwar auch von Katzen, die mit Fertigfutter ernährt werden, aber in der Rohfütterung spielen sie ebenfalls eine besondere Rolle.
Dazu erstmal eine Erklärung dieser Verhaltensweisen.

Futterwechselmechanismus:
Der Futterwechselmechanismus der Katze ist zu beobachten, wenn die Katze über Wochen oder Monate ein bestimmtes Katzenfutter gerne und mit großem Appetit frisst und dann ganz plötzlich von einem Tag auf den anderen will sie dieses Futter nicht mehr, lässt es stehen und tritt einen Hungerstreik an. Jetzt kann es sein, dass sie ein Futter bevorzugt, dass sie bislang erfolgreich abgelehnt hat. Woran liegt das?
Biologen fanden heraus, dass es damit in Zusammenhang steht, dass einige Tiere von der Natur darauf programmiert sind, den Organismus für Futterwechsel flexibel zu halten und von sich aus für Abwechslung auf dem Speiseplan zu sorgen.

Neophobie:
Als Neophobie wird die Angst bzw. Verweigerung gegenüber allem Neuen bezeichnet, nach dem Motto „das kenn ich nicht – das fresse ich nicht“. So sind viele Katzen so auf Trockenfutter festgelegt, dass sie kein anderes Futter akzeptieren. Dieses Problem ist meist hausgemacht, wenn Katzen nicht zur Abwechslung erzogen werden und lange nur ein und dasselbe Futter erhalten bzw. immer nur eine Futtersorte angeboten bekommen. So liegt es an uns als Katzenhalter, die Katze an die unterschiedlichen Geschmäcker zu gewöhnen. Erzieht man die Katze von Anfang an zur Abwechslung, gibt es auch keine Probleme mit Neophobie.

Erziehung zur Abwechslung:
Gewöhnen Sie die Katze systematisch an neue Futterbestandteile oder Futtermittel. Wie man eine Katze vom Trockenfutter an Nassfutter gewöhnt, habe ich ausführlich im Kapitel über die Umstellung auf Rohfütterung beschrieben. Bieten Sie der Katze die unterschiedlichsten Futtersorten an, die unterschiedlichsten Konsistenzen, gebratenes Fleisch, gedünstetes, gekochtes, rohes. Füttern Sie abwechslungsreich und erziehen Sie Ihre Katze nicht zur Mäkelkatze, die vor dem gefüllten Napf verhungert. Dies ist vor allem bei jungen Katzen wichtig.

Entgiftung

Treten nach der Umstellung auf die Rohfütterung ungewöhnliche Symptome bei der Katze auf, bedeutet dies nicht gleich, dass sie krank ist oder das neue Futter nicht verträgt.

Über Monate oder Jahre hinweg, je nachdem wie alt die Katze ist, sammeln sich die unterschiedlichsten Gifte im Körper an.
Diese Toxine können aus Medikamentengaben stammen, aus Impfungen, Narkosemitteln (z.B. bei Kastrationen), aus den Zusatzstoffen im Fertigfutter, aus Leckerlis oder auch durch Umweltbelastungen.

Mit der Fütterung von Natural Cat Food bekommt der Organismus die Chance, die Gifte auszuscheiden. Diese Reaktion drückt sich in diversen Symptomen aus.

Nicht bei jeder Katze fallen die Symptome der Entgiftung auf. Einige Katzen entgiften im Stillen, andere wiederum gar nicht.

Die Entgiftungssymptome drücken sich ganz unterschiedlich aus. Sie können sich in Hautjucken äußern, in Fellverlust, verstärktem Fellwechsel, Schuppen, trockener Haut, tränenden Augen, Augenentzündungen oder eitrigen Augen, aber ebenso in Ohrenentzündungen. Die Entgiftung äußert sich aber auch in Durchfall, stark riechendem Kot, Blähungen oder Erbrechen. Möglich ist außerdem eine wie eine Infektion daherkommende Entgiftung, die sich in Schnupfen, Husten oder Mattigkeit äußert.
Bei einigen Katzen verschlimmern sich auch bestehende Erkrankungen durch die Entgiftung zeitweise.

All diese Symptome sind möglich. Es handelt sich hierbei um eine Reaktion des Körpers, der die Gifte hinausbefördert. Für diesen Prozess hat der Organismus eine Reihe von Möglichkeiten zur Verfügung.

Die entgiftende Katze kann eines oder mehrere der beschriebenen Symptome aufweisen oder es fällt dem Halter erst gar nicht auf, dass sein Tier einen Entgiftungsprozess durchläuft. Dann sind die Symptome nur sehr gering ausgeprägt und erscheinen nicht außergewöhnlich. Das bedeutet, die Katze kann, muss aber nach Umstellung auf die Rohfütterung keine Entgiftungserscheinungen zeigen.

Wann die Entgiftung beginnt, lässt sich nicht voraussagen. Die Katze kann innerhalb von zwei Tagen nach Beginn der Rohfütterung anfangen zu entgiften, nach zwei Wochen oder aber erst nach zwei Monaten. Oftmals bringt man die Entgiftungserscheinungen auch gar nicht mehr mit der Umstellung auf die Rohfütterung in Verbindung, da die Symptome zu einem

Zeitpunkt auftreten, an dem man nicht mehr mit einer Entgiftung rechnet.

Auch die Dauer der Entgiftung ist abhängig vom Organismus der Katze und ihrem individuellen Stoffwechsel bzw. wie schnell dieser in der Lage ist, die Giftstoffe auszuleiten, aber auch davon, wie stark die Katze mit Toxinen belastet ist. Einige Tiere entgiften wenige Tage, andere wiederum bis zu einem Jahr.

Ist die Entgiftung abgeschlossen, fällt die Katze durch schöneres Fell, ein stärkeres Immunsystem, eine bessere Verdauung und einen sehr guten Allgemeinzustand auf. Sie zeigt keine der oben genannten Entgiftungserscheinungen mehr.

Ist man sich unsicher über die Symptome der Katze und ob es sich dabei um Entgiftungsreaktionen handelt, ist es sinnvoll, dies von einem Tierarzt oder Tierheilpraktiker abklären zu lassen. Von Vorteil wäre es einen naturheilkundlich arbeitenden Tierarzt aufzusuchen, der mit den Entgiftungssymptomen der Tiere vertraut ist. Konventionell arbeitende Tierärzte übersehen diese Erscheinungen zu schnell und unterdrücken sie möglicherweise. Dass dies nicht der Sinn der Entgiftung ist, muss eigentlich jedem verständlich sein.
Wie auch immer sich die Entgiftung zeigt, sie geht vorbei. Bitte übersehen Sie aber keine ernsthaften Erkrankungen, weil Sie denken, es handelt sich „nur“ um eine Entgiftung!

Futterplatz und Futternäpfe

Auch der richtige Futternapf spielt eine Rolle. Am besten geeignet sind Näpfe aus Glas (kein Bleiglas) oder Porzellan. Sie sind auch schwer genug, so dass die Katze sie nicht umkippen kann.
Näpfe aus Plastik sollten nicht verwendet werden. Sie zerkratzen schnell und in den Kratzern und Rillen sammeln sich Bakterien. Auch Gefäße mit rauer Oberfläche sollten gemieden werden.
Keime und Bakterien können bei der Katze die sogenannte Kinnakne auslösen. Schmerzhaft und unangenehm für den Stubentiger.
Bitte achten Sie immer sorgsam auf die Sauberkeit des Napfes. Katzen sind sehr empfindlich und mögen absolute Sauberkeit ihres Futternapfes. Reinigen Sie den Fressnapf der Katze täglich.
Zudem sollten der Futter- sowie der Trinknapf ausreichend groß sein. Katzen mögen es nicht, wenn sie beim Fressen mit den Tasthaaren an den Rand des Napfes stoßen.
Einige Katzen bevorzugen auch einen erhöhten Platz um ihr Futter aufzunehmen. Hier haben sie die Umgebung besser im Blick und können entspannter fressen.

Der Futterplatz sollte an einem ruhigen Ort sein. Die Katze darf während der Fressenszeit nicht abgelenkt werden oder gar Angst haben, dass sie jemand verjagt oder über sie stolpert. Auch in der Wildbahn tragen Katzen ihre Beute an einen „sicheren" Ort, bevor sie sie fressen.

Bei mehreren Katzen kann es sinnvoll sein, sie an verschiedenen Orten fressen zu lassen, so dass jede Katze ihren eigenen Fressplatz zugewiesen bekommt. Am besten in durch eine Tür getrennten Räumen. So kann man auch mal unterschiedliches Futter (z.B. mit Medikamenten) geben.

Es empfiehlt sich eine abwaschbare Unterlage unter den Futternapf zu legen. Die Erfahrung zeigt, dass Katzen das Futter, besonders größere Fleischstücke, aus dem Futternapf holen und es neben dem Napf verspeisen.

Flüssigkeitsversorgung der Katze

Katzen sind physiologisch und von ihrer Herkunft als Wüstenbewohner darauf ausgelegt, Flüssigkeit mit ihrem Futter zusammen aufzunehmen. Daher trinken Katzen wenig, leider oftmals auch viel zu wenig, was zu Nierenproblemen führen kann. Achten Sie also darauf, dass Ihre Katze genug Flüssigkeit zu sich nimmt. Mit der Rohfütterung, die einen sehr hohen Anteil Wasser enthält, ist dies in der Regel problemlos möglich. Ihre Katze wird also neben dem Futter nicht so viel trinken, wie dies z.B. bei der Fütterung von Trockenfutter zu beobachten ist.

Zusätzlich zum hohen Wassergehalt des Futters, kann die tägliche Futterportion leicht mit warmem Wasser angewärmt werden.

Viele Katzen bevorzugen fließendes Wasser und trinken gerne aus dem Wasserhahn und somit fließendes Wasser.

Um der Katze das Wasser schmackhaft zu machen, kann ihr z.B. ein Trinkbrunnen angeboten werden. Diese Trinkbrunnen werden oft als Dekorationsartikel verkauft. Es werden aber auch einige Modelle extra für die Katze angeboten.
Bitte wählen Sie einen Brunnen aus, der einen sehr leisen Motor hat. Katzen erschrecken sich sonst vor dem lauten Geräusch des Motors.

Einige Katzenhalter schwören auch auf die Verwendung von Heilsteinen, mit denen das Trinkwasser der Katze „angereichert“ wird. Hierzu werden ein Bergkristall, ein Rosenquarz und ein Amethyst auf den Boden des Trinknapfes gelegt.

Eine weitere, auch dekorative Idee ist ein Goldfischglas mit feinem Kies, ein paar ungiftigen Wasserpflanzen und Wasser zu füllen und es der Katze an einem beliebten Ort aufzustellen.

Leckerlis für rohgefütterte Katzen

Hin und wieder will jeder Katzenbesitzer seiner Katze seine Liebe gestehen und ihr eine kleine Köstlichkeit zustecken. Auch das Clickertraining für Katzen wird immer beliebter und dafür braucht es Leckerlis.
Doch die herkömmlichen Leckerlis für Katzen sind durch den hohen Anteil an Getreide, übermäßig viel Zucker und Geschmacksverstärker nicht das Mittel der Wahl, wenn wir als verantwortungsbewusste Katzenhalter unseren Liebling verwöhnen wollen. Was kann also als Leckerfutter verfüttert werden?

Trockenfleisch/Fisch

Alle Trockenfleischsorten die für den Hund angeboten werden, können probeweise auch der Katze verfüttert werden. Viele Katzen lieben Trockenfleisch. Leider lehnen es ebenso viele ab. Es gilt auszuprobieren, ob die Katze es mag.
Besonders beliebt unter den Trockenfleischsorten ist getrocknete Hähnchen- oder Entenbrust. Auch kleine getrocknete Fische kommen bei Katzen gut an so z.B. Dorschspäne.

Andere Leckereien

Käsestückchen dürfen in kleinen Mengen an die Katze verfüttert werden. Auch hin und wieder eine Bierhefetablette, ein Löffelchen Naturjoghurt, ein frisches Stückchen Fleisch, eine Garnele oder Shrimps oder ein kleines Flöckchen Butter erfreuen die Katze. Auch kleine Stücke gekochtes oder gebratenes Fleisch (natürlich ohne Gewürze) können als Leckerli dienen. Hier auch wieder gerne Hähnchen-/ Hühnerbrust.
Natürlichen können die Leckereien auch roh sein. So verfütterte eine Tiertrainerin in einem Fernsehbeitrag rohe Fleischstückchen an ihre Katzen während einer Katzendressur. Clickerer können dies auch so praktizieren.

Literaturliste

Deutsch:

Natural Dog Food - Rohfütterung für Hunde, BoD 2005
Katzen würden Mäuse kaufen. Schwarzbuch Tierfutter, Hans-Ullrich Grimm, Zsolnay, 2007
Ernährung von Hund und Katze, Case, Carey, Hirakawa,
Naturnahe Ernährung für Katzen, Birgit Frost, Emu, 2002
Katzen naturnah ernähren. Frischfütterng leicht gemacht, A. Münchberg, Cadmos, 2007
Ernährung und Verhalten von Hund und Katze, Anderson, Meyer
GU Nährwerttabelle, Prof. Dr. I. Elmadfa, Gräfe und Unzer, 2005
Nährwerte auf einen Blick, Honos Verlag, 2001

Englisch:

Natural Nutrition for Dogs und Cats, K.R. Schultz, Hay House, 1999
The Complete Herbal Handbook for the Dog and the Cat, J.d.B-L. Faber & Faber, 1991
The Barf Diet for Cats and Dogs, Dr. I. Billinghurst, 2003

Zeitschriften:

Du Barfst Magazin, MuTiG GbR
Gesunde Hunde Magazin, Drei Hunde Nacht

Internet:

www.naturaldogfood.de
http://dubarfst.eu/forum/
www.mietzmietz.de
www.blaue-samtpfote.de

Danke!

Zum Entstehen dieses Buches haben viele Menschen mit Rat und Tat, Zuspruch, Ermutigung und Unterstützung beigetragen. Ohne sie wäre dieses Buch nie entstanden. Ihnen allen gilt mein großer Dank.

Besonders bedanken möchte ich mich bei meiner Lektorin Sarah Wirtz, bei Getraud Schöpe für die Covergestaltung und technische Hilfe rund ums Layout, bei Jochen Schulze für seine Hilfe, wo auch immer diese nötig war und gebraucht wurde, bei meinem Bruder Michael Reinerth als Webmaster sowie bei allen tierischen Fotomodellen.

www.naturalcatfood.de